메르씨 빠빠!

일러두기
· 제목 《메르씨 빠빠!》는 '아빠 고마워요'라는 뜻으로, 한창 말을 배우던 넷째가 어색한 발음으로 "에씨, 빠빠!"라고 한 데서 가져왔습니다(149쪽 참조).
· 본문의 그림들은 아이들이 어릴 때 그린 것입니다. 059쪽은 셋째 이작(Isaac)이 세 살 때, 089쪽과 187쪽은 둘째 이안(Iyann)이 세 살 때, 141쪽은 첫째 루미(Lumie)가 세 살 때 그린 그림입니다. 073쪽은 둘째 이안이 여섯 살 때 액자 안의 가족을 그린 것이지만 아쉽게도 넷째 보스코(Bosco)가 빠져 있습니다.
· 외래어표기는 국립국어원 원칙에 따라 표기했으나 일부 용어는 프랑스 현지에 살고 있는 저자의 표기법을 따랐습니다.

메르씨 빠빠!

아이와 함께 크는 한국아빠의 프랑스식 육아

정상필 지음

오엘북스

—

Pour Lumie, Iyann, Isaac, Bosco et Marion

—

부모가 되려면 매우 성숙해야 한다.
부모가 된다는 사실은 부모라는 자리가 권력이 아니라
의무를 가진 입장이라는 걸 인식하고 있다는 점을 내포하기 때문이다.
게다가 그 대가로 기대할 수 있는 권리는 전혀 없다.
-프랑수아즈 돌토(Françoise Dolto), 《아이의 항변 *La Cause des enfants*》

인간은 말이오, 선생, 두 가지 면을 갖고 있소.
자신을 사랑하지 않고는 남을 사랑할 수 없다오.
-알베르 카뮈(Albert Camus), 《전락 *La Chute*》

그러나 이것 한 가지만은 확실해. 그 폭풍을 빠져나온 너는 폭풍 속에 발을 들여놓았을 때의 네가 아니라는 사실이야. 그래, 그것이 바로 모래 폭풍의 의미인 거야.
-무라카미 하루키, 《해변의 카프카》

요즘 내 아침을 깨우는 건 옆방에서 자는 넷째의 칭얼거리는 소리다. 7시를 전후해 들리는 넷째의 목소리를 알람 삼아 나는 이불에서 빠져나온다. 침대 옆자리는 이미 비어 있다. 아내는 나보다 최소한 30분은 먼저 일어나 출근 준비를 한다.

넷째의 방으로 가 유리젖병에 담은 우유를 준 뒤 기저귀를 갈고 옷을 갈아입힌다. 그사이에 다른 방에서 자고 있던 둘째와 셋째도 하나둘 침대 밖으로 나온다. 중학생인 첫째는 엄마와 같은 리듬으로 등교 준비를 하므로 지금쯤 아침식사를 마쳤을 것이다.

외출복을 입힌 넷째를 안고 부엌으로 가면 둘째와 셋째가 아침을 먹고 있고, 아내와 첫째는 집을 나설 준비를 끝낸 참이다. 아내는 일하러 가는 길에 첫째를 학교 앞에 내려준다. 커피와 바게트로 아침식사를 마친 나는 학교 갈 준비를 마친 둘째와 셋째에게 넷째와 놀아달라고 부탁한 뒤 샤워를 하고 외출복으로 갈아입는다. 욕실에서 나오면 대충 8시를 넘긴 시각이다. 아들 셋을 차에 태우고 둘째와 셋째는 초등학교에, 넷째는 어린이집에 데려다주면 9시쯤 된다.

일주일에 한 번 대형마트에서 장을 보는 것보다 여러 번 가더라도 필요한 것만 사서 쓰는 스타일이라 슈퍼에 갈 일이 있을 때는 넷째를 데려다주고 오는 길에 동네 중소형 마트로 향한다. 집에 돌아오면 아침식사 흔적이 부엌에 아직도 남아 있다. 사용한 그릇은 식기세척기에 넣고 빵부스러기로 더럽혀진 바닥을 치우기 위해 청소기를 돌린다. 일주일에 한두 번은 물걸레로 닦는 것도 잊어선 안 된다.

슈퍼에서 사온 물건들을 정리하고 부엌과 거실 청소까지 끝나면 커피를 마신다. 아침을 먹을 때도 마시는 커피지만 맛도 느낌도 다르다. 아마도 온전히 내 시간이 됐다는 안도감 때문일 것이다.

둘째와 셋째가 집에서 점심을 먹는 금요일은 이야기가 다르다. 11시 30분까지 학교에 가서 아이들을 데려오려면 그전에 점심 준비를 대충은 해놓아야 한다. 우리집 아이들은 급식비를 줄이기 위해 일주일에 이틀만 학교에서 먹는데, 나머지 이틀 중 하루는 우리집에서, 다른 하루는 를롱네에서 먹는다. 월요일 점심은 우리 아이들이 를롱네 집으로 가고, 금요일에는 를롱네 아이들이 우리집으로 온다. 일종의 품앗이인데, 이렇게 하면 를롱네 엄마도 나도 하루를 벌 수 있어 서로에게 윈윈이다. 그래서 금요일 낮에는 총 네 명의 아이가 우리집에서 점심을 먹는다. 오후 수업을 위해 학교에 가기 전까지 집은 아이들의 놀이터가 된다.

아이들을 다시 학교에 데려다주고 오면 하교하는 4시까지 두 시간 정도 짬이 생긴다. 하지만 저녁준비를 하거나 빨래를 정리하다 보면 그것도 금방 지나간다. 4시에 둘째와 셋째를 데려오고, 5시에 넷째를 데려오는 사이에 첫째는 버스를 타고 집으로 돌아온다. 아내가 돌아오는 7시까지 아이들 숙제, 씻기, 잠옷 입기, 저녁 준비가 대충 마무리된다. 아내가 퇴근하면 여섯이 둘러앉아 저녁을 먹고, 8시에서 9시 사이에 아이들은 잠자리에 든다. 넷째를 먼저 재운 아내는 첫째부터 셋째까지 아이들의 방을 돌며 책을 읽어주거나 못다한 대화를 나눈다. 그동안 나는 부엌에서 뒷정리를 한 뒤 오늘 하루도 무사히 지나갔구나 생각하며 마지막 커피를 마신다.

　잠옷으로 갈아입고 침대에 가기 전까지는 하루 중 두 번째 맞이하는 나만의 시간이다. 여자든 남자든, 한국에 살든 프랑스에 살든 전업주부라면 비슷한 일상을 살아가고 있을 것이다.

　내가 40대 중반에 이런 모습으로 살고 있을 거라고는 정말 예측하지 못했다. 매일 오후 4시 마감 압박에 시달리며 정신없이 달리던 일간지 기자 시절에는 더더욱 그랬다. 가끔 '내가 지금 여기에서 뭐하고 있지'라는 근본적인 물음이 뇌리를 스치는 것도 놀랄 일이 아니다.

어떤 사건 이후 1주기, 5주기, 10주기에 맞춰 특별기사를 생산하던 직업정신이 발동해서인지, 결혼 10주년이 지나자 나를 둘러싼 변화들에 대해 정리해보고 싶은 생각이 들었다. '40대 중반 남성의 일반적인 일상과는 너무 다르게 살고 있는 나, 계속 이렇게 살아도 되는 건가요?' 물어보고도 싶었다.

그런저런 생각을 하며 지내던 터에 오엘북스 옥두석 대표가 육아와 가족의 일상을 책으로 내면 어떻겠냐고 제안했다. 벌써 1년여 전이다. 딱히 마다할 이유는 단 하나, 그동안 글 쓰는 일을 너무 멀리 해왔다는 것이었다. 그럼에도 대표의 제안을 덥석 받아들이고 말았다.

이제 쓰기만 하면 되는데, 모니터의 흰 화면을 채우기가 쉬운 일이 아니었다. 그러다 코로나 바이러스 사태를 맞았고 프랑스 전국에 통행금지령이 내렸다. 이 조치는 내게, 그렇지 않아도 아이들과 부대끼며 살고 있는데 더 격렬하게 24시간 동안 붙어 지내야 한다는 걸 의미했다. 전쟁 중에나 있을 법한 통행금지령 상황은 분명 예사롭지 않았다.

그래서 일기를 쓰기로 했다. 글 쓰는 습관을 다시 찾을 좋은 기회이기도 했다. 한국에 있는 가족들이 볼 수 있게 블로그를 개설해서 우리 가족의 일상을 공유했다. 그렇게 해야 날마다 글을 쓸 것 같았다. 거르지 않고 일기를 쓰던 중에 계획에 없던 일이 생겼다. 내 블로그를 보고는 출판사에서 '코로나 브레이크 일기'로 책을 만들자고 새로운 제안을 해왔다. 그렇게 해서 지난해 여름《세상이 멈추자 일기장을 열었다》가 출간되었다. 그러므로 내 '일기'를 읽은 독자들에게는 이 책이 프리퀄의 성격이 될 것이다. 우리

가족이 갇혀 지내면서도 별로 힘들어 보이지 않았던 이유를 이해하는 데 도움이 될지도 모르겠다.

이제 글 쓰는 습관을 길렀으니, 육아 10주기를 맞은 내 이야기를 다시 시작할 때다. 내 일상을 대충 아는 주변 사람들은 아이를 잘 키운다고, 또는 좋은 아빠라고 말하기도 한다. 절반은 맞고 절반은 틀린 말이다. 물리적으로 육아를 잘 하고 있다는 의미라면 틀리지 않다. 네 아이 중 누구 하나 크게 아프거나 다치지 않았고 무사히 각자 나이에 맞게 성장하고 있으니 말이다.

그러나 더 넓은 의미의 육아를 뜻하는 거라면 자신이 없다. 내가 좋은 아빠인지 잘 모르겠다는 것이다. 이렇게 버럭 화를 내는 좋은 아빠가 있을까, 허구한 날 지적질에 매번 "안 돼!"만 연발하는 좋은 아빠가 있을까, 같이 잘 놀아주지도 않는 좋은 아빠가 있을까.

굳이 변명을 하자면, 참고 참다가 신경질적 반응을 보이기도 하고, 부모가 정한 나름의 기준이 있으니 안 된다고 하는 것이고,

아이들 뒤치다꺼리 하자니 딱히 같이 놀 시간이 없는 것이기는 하다. 다만 아이들과 함께 보낸 시간의 양을 좋은 아빠의 기준으로 삼는다면 그건 누구에게도 지지 않을 자신이 있다.

육아에 답이 있을 리 없어서, 아이들 수가 늘수록 더 어렵다는 사실을 부인하기 어렵다. 물론 기저귀 갈고 이유식 해 먹이는 것은 시간이 갈수록 쉬워지지만, 아이들이 많아지니 그들 사이의 관계까지 고려해야 해서 그야말로 첩첩산중을 헤맨다.

프랑스인과 결혼해서 프랑스식으로 가족을 꾸리지 않았다면 지금의 나와는 다른 삶을 살고 있을 것이다. 말하자면 내 육아 방식은 내가 프랑스 가족의 문화를 알아가는 과정과 떼어놓고 설명하기 어렵다. 프랑스 가족의 문화를 배우면서 육아를 동시에 배운 셈이다. 육아를 주제로 한 이 책에 프랑스 가족 이야기가 많이 들어 있는 것은 그 때문이다.

내가 태어난 구례와 아내가 자란 뽕도라는 수만 킬로미터 거리만큼이나 문화적으로도 이질적이다. 그 사이를 오가며 또는 중간 어딘가 쯤에서 나는 육아를 배웠고, 삶에 조금씩 눈을 떠가는 중이다. 아이들을 대하며 벽에 부딪히는 순간을 맞이할 때 나는 생각한다. 오늘의 이 절망만큼 어른이 됐구나. "엄마를 만드는 것은 아이"라는 프랑수아즈 돌토의 말처럼 아빠인 나를 만든 것도 내 아이들이다.

부모가 된 지 10년을 넘어서 이렇게 되돌아볼 수 있는 기회를 준 출판사에 감사의 마음을 전한다. 우리 부부의 육아 방식이 어떤 이들에게는 낯설고 이상하거나 불편하게 느껴질 수도 있다. 그러나 아이들이 행복하기를 바라는 마음은 다른 여느 부모들과 조금도 다를 게 없다.

영화 〈82년생 김지영〉을 보며 주인공의 '독박육아'와 그렇게 될 수밖에 없는 '한국적' 환경에 먹먹함을 느낀 적이 있다. 우리 방식에 조금 다른 점이 있다면, 한국에서는 종종 배제되는 부모의 욕망이나 행복이 아이들의 그것만큼 비슷한 비중을 차지한다는 것이다. 아이 넷을 키우면서 둘 중 누구도 '번아웃'을 경험하지 않았던 건 그런 이유 때문일 것이다.

우리 이야기가 육아에 지친, 또는 매일 저녁 식탁의 메뉴 걱정으로 골머리를 앓고 있는 세상의 모든 엄마아빠에게 작은 위로가 될 수 있다면 더할 나위 없겠다.

"여기, 지구 반대편에서 당신과 같은 고민으로 일상의 무게를 견디는 사람 있으니 외로워 마시라. 우린 그저 어른이 되고 있는 과정이며, 중요한 건 당신의 행복이다."

2021년 4월
봉도라에서 정상필

CONTENTS

3. 너희 덕에 어른이 됐다

4. 프랑스적인, 너무나 프랑스적인

한 걸음 내디딜 때마다

1

어느 저녁, 노인이 손자에게 말했다.
"얘야, 우리는 누구나 내면에 서로 싸우는
두 마리의 늑대를 갖고 있단다. 나쁜 녀석과 좋은 녀석이지."
아이는 골똘히 생각하다 이렇게 물었다.
"어떤 늑대가 이겨요?" 노인이 답했다.
"네가 기르는 녀석이 이기지."
-프레데릭 르누아르(Frédéric Lenoir), 《세계의 영혼L'Âme du monde》

아이들을 키운 건 좌절
우리가 서울을 떠나 프랑스로 돌아온 이유

서울 생활 5년째를 맞아 잘 지내고 있던 우리 가족이 프랑스로 돌아온다고 했을 때 우리 사정을 아는 주변 사람들은 이해할 수 없다는 반응이었다. 아내와 머리를 맞대고 왜 지금 다시 프랑스로 돌아가는가에 대해 정리를 해보았다. 우선은 한국으로 갈 때, 5년 정도 살고 다시 프랑스로 돌아오자고 한 약속이 있었다. 당초 한국에서 살기로 한 것은 아내와 아이들이 남편의 나라, 아빠의 나라와 더 친숙해지기를 바라는 마음에서 내린 결정이었다. 내가 프랑스에 대해 알고 있는 것만큼 아내와 아이들은 한국을 잘 알지 못하는 게 항상 마음에 걸렸다.

약속한 것처럼 5년이 지나자 2~3년 더 지내도 될 것 같다는 생각이 들었다. 서울 생활에 익숙해져 딱히 불만이 없었고, 무엇보다 프랑스로 돌아오면 제로베이스에서 다시 시작해야 하는 입장이었다. 아내나 나나 기다리는 직장이 없는 건 마찬가지였다. 게다가 아이가 셋이었다. 프랑스행은 무모하기까지 한 도박이었던 셈이다.

그런데도 결국 프랑스로 돌아온 것은 아이들이 커가고 있다는 사실과 그 아이들이 한국 소비문화에 직접적으로 영향을 받고 있다는 점 때문이었다. 2~3년 후에 오더라도 제로베이스에서 시작해야 하는 사정은 바뀌지 않는다는 것도 결정에 영향을 미쳤다. 이왕 맞을 매라면 하루라도 먼저 맞자는 심산이었다.

서울 생활 마지막 해에 초등학교 3학년이었던 첫째는 점점 친구들과 비교하는 일이 잦아졌다. "누구는 편의점에서 뭐 사 먹었는데"라는 식으로 말이다. 실제로 첫째 친구들 중에는 학교에서 100미터 거리에 있는 편의점에서 자기 용돈으로 과자를 사곤 했다. 첫째로서는 상상하기 어려운 일이었다. 돈을 갖고 다니는 일은 고사하고 편의점에서 뭔가를 사 먹는 일도 일종의 행사였기 때문이다.

우리 가족이 편의점에 가는 경우는 대충 정해져 있었다. 토요일 점심을 먹고 가족 모두 산책할 때나 마포 사는 누나와 함께 식사한 뒤 디저트용 과자를 고르러 갈 때 정도였다. 편의점에 갔을 때도 아이들이 고를 수 있는 것은 종류 불문 단 한 가지였다. 아이들은 진열대 앞에서 고민에 고민을 거듭했다. 이번엔 매운맛을 먹어볼까, 익숙한 캐러멜 맛을 먹을까, 사과맛 사탕을 먹을까, 포도맛 젤리를 먹을까. 아이들은 꼬리에 꼬리를 무는 고민 끝에 한 가지를 집어 들고 세상 다 가진 표정을 지으며 디저트를 음미했다. 우리 아이들에게 편의점은 이런 곳이었다. 어쩌다 가는 선물 같은 곳이고, 매우 신중해야 하는 일종의 찬스였던 것이다.

첫째에게는 그렇게 특별한 장소인데, 같은 반의 어떤 친구들은 학교가 끝나면 당연히 들르는 곳이었다. (아마도 미안한 마음에) 엄마가 아침에 쥐어준 만 원짜리 지폐로 먹고 싶은 걸 다 고를 수 있는 초등학교 3학년의 세계가 있다는 걸, 첫째는 알아가고 있었다. 우리 가족은 당시 학교 안 관사에서 생활했기 때문에 아이들이 학교 밖으로 나가는 것조차 우리 허락을 받아야 했다.

첫째가 친구랑 학교 앞에 잠깐 다녀온다는 말이 편의점에 갔다 온다는 의미라는 사실을 나중에 알았다. 그 사실을 안 뒤로는 목적지를 분명히 물은 뒤 편의점에 간다고 하면 못 나가도록 했다. 친구가 용돈으로 산 과자를 부러운 듯 쳐다보다가 한두 개 얻어먹었을 게 분명한데, 그런 종류의 무의미한 질투나 부러움을 느끼게 하고 싶지 않았다.

그런데 한국에서는 웬만한 사람들이 다 첫째의 반 친구들처럼 살지 우리처럼 살지 않는다는 사실을 인정해야 했다. 우리가 저항한다고 해결되는 일이 아니었다. 스트레스 받지 않고 남들처럼 살거나, 우리처럼 사는 사람이 많은 곳에서 살거나 둘 중 하나를 선택해야 했다. 그래서 아이들이 더 크기 전에, 한국식 소비사회에 완전히 적응하기 전에 돌아오기로 한 것이다. 그즈음 첫째가 전에 없이 자꾸만 편의점에 가자고 조르던 모습은 참 낯설었다.

프랑스로 돌아온 후 우리가 품었던 기대는 어느 정도 충족됐다. 편의점 자체가 없는 블루아나 뽕도라에서 첫째는 다른 대부분의 프랑스 아이들처럼 군것질거리를 사달라고 조르지 않았다. 다만 첫째는 지금도 아래처럼 물으면, 망설이지 않고 말한다.

"한국에 가서 가장 먼저 하고 싶은 게 뭐야?"

"씨유!"

프랑스에서는 대형마트에서 떼쓰는 아이들을 보기 어렵다. 물론 우리 아이들도 그런 행동을 해본 적이 단 한 번도 없다. 그렇게 해봐야 원하는 걸 얻을 수 없다는 사실을 알기 때문이다. 어쩌면 아주 어렸을 때부터 좌절의 맛을 본 탓일지도 모른다. 아무리 울어도 안아주지 않는 그 첫 좌절의 순간 말이다. 우리는 아이들과 기싸움을 하는 일이 거의 없다. 대부분의 일이 아이의 뜻이 아니라 부모의 뜻대로 되기 때문이다. 이쯤 되면 아이를 키우는 것은 부모가 아니라 좌절이라 할 만하다.

먹기 싫은 야채가 있어서 음식을 남기거나 갖고 싶은 장난감이 있다고 말할 때 보이는 우리의 반응은 대충 이렇다.

"그래, 남겨뒀다가 간식 시간에 다 먹어."

"성탄절이나 생일 때까지 기다려."

만화영화가 보고 싶어도 약속된 수요일이나 토요일 오후가 아니면 언감생심이다. 어른들이 많은 거실에서 시끄럽게 놀다가는 혼나기 딱 좋다. 아이들이 경험하는 좌절과 이에 따른 절제는 프랑스식 육아의 가장 두드러진 특징이다. 아이들이 원하는 것을 곧바로 주지 않고 기다리게 하는 것, 그리고 부모의 뜻을 아이들이 받아들이도록 하는 것이다. 일종의 울타리를 쳐두고 그 안에서 자유롭게 놀도록 하는 것인데, 올바른 울타리를 쳐주는 것이 부모의 역할인 셈이다.

군것질에 대해 조금 더 자세히 살펴보면, 아이들의 식사 패턴은 밤잠을 제대로 자기 시작하는 생후 6개월 전후부터 일정하게 유지된다. 아침 8시 아침식사, 12시 점심식사, 오후 4시 간식, 저녁 8시 저녁식사. 이 네 번의 시간 외에는 먹을 기회가 없다. 식탁에 과자나 과일이 있어도 함부로 먹지 않는다. 배에서 기척이 느껴지면, 보이는 걸 먹는 대신 이렇게 물어본다.

"아빠 지금 몇 시예요? 아직 4시(간식시간) 안 됐어요?"

프랑스 아이들 중에 과체중으로 보이는 체형이 별로 없는 건 이 같은 습관과 무관하지 않을 것이다.

서울에 살 때 우리는 일요일마다 동네 성당에 갔다. 한국에서는 미사 중에 아이들의 칭얼거리는 소리를 용인하지 않는 분위기였다. 반면 파리에서는 일요일 미사에 수십 대의 유모차가 성당 안을 차지하는 진풍경이 펼쳐진다. 아이가 너무 크게 울면 밖으로 데리고 나가기도 하지만 한국처럼 완벽하게 차단된 공간에 어린아이와 부모들을 따로 머물게 하지는 않는다.

서울에서 우리는 별도의 공간에 갇혀 미사 장면을 바라보며 스피커를 통해 미사에 참여해야 했다. 우리 외에도 비슷한 또래의 아이를 둔 가족들이 몇 있었는데, 미사가 진행되는 그 한 시간 동안 아이를 주려고 사탕이나 과자, 과일 같은 간식을 준비해오는 엄마가 있었다. 우리 아이들이 손에 사탕을 든 아이를 부러운 눈으로 쳐다보면, 그 엄마는 너그러운 표정으로 우리 아이들에게도 나눠주었다.

웃는 표정으로 고맙다고 했지만 그리 달갑진 않았다. 아이들이 군것질보다는 미사에 집중하기를 바랐기 때문이다. 적어도 왜 우리가 그곳에 있는지는 알아줬으면 하는 마음이었다. 미사 시간에 뭔가를 먹는 건 생후 6개월 지나면 안 해도 되는 행동이라고 판단했다.

가끔은 '내가 너무한가, 이렇게까지 해야 하나?' 하는 생각을 한다. 잡화 상점에 들렀는데 20유로짜리 장난감을 10유로에 팔고 있다고 치자. 그 앞에서 여러 번 망설이다가 나는 결국 물건을 집지 않고 그냥 가게를 나선다. 10유로면 그리 큰 금액이 아닌 데다 50퍼센트 할인까지 하는데 난 왜 그럴까. 그건 아이에게 그 선물을 줄 명분이 없기 때문이다. 게다가 한 아이에게만 선물을 할 수도 없는 노릇이다. 다행히 생일이나 크리스마스를 앞두고 있다면 사서 보관하다가 다른 선물 틈에 끼워서 줄 수는 있었을 것이다.

우리는 성적이 올랐다는 이유로 선물을 주지 않는다. 선물을 성적 올리는 조건으로 내걸지도 않는다. 이것은 지키기가 쉽지 않은 나 자신과의 약속이다. 사실 아이가 초라한 성적표를 받아왔을 때 '너 평균 성적 몇 점 올리면 카메라 사줄게.' 같은 말이 목구멍까지 치고 올라올 때가 있다.

이런 규칙을 아는 아이들은 갖고 싶은 것이 생겼을 때 곧바로 달려와 조르지 않는다. 그래 봐야 달라지지 않는다는 걸 알기 때문이다. 대신 노트에 적어두거나 기억했다가 생일이나 크리스마스가 다가오면 그림을 덧붙인 리스트를 작성해 우리 침대 머리맡에 놓고 간다. 기다리는 동안 잊었다면 간절하게 갖고 싶지 않았다는 의미다. 어느 날 우리는 선물 리스트가 적힌 편지를 발견한다.

"이번 크리스마스에 아래와 같은 선물을 갖고 싶어요!"

프랑스식으로 아이를 키운다는 건 사실 더 피곤한 일인지도 모르겠다. 하지만 우리가 스스로 선택한 것이어서 누굴 탓할 수도 없다. 자발적 고달픔이랄까. 그런데 아이가 놓고 간 편지를 읽다보면 그 피곤이 싹 가시는 동시에 절로 입가에 미소가 지어지기도 한다.

편지에는 우리의 환심을 사기 위해 노력한 흔적이 역력하다. 지난해 받은 편지에서는 곳곳의 틀린 철자들을 비롯해 '얌전하다'는 뜻의 숙어 표현 '그림처럼 가만히 있기'를 사용한 대목에서 빵 터졌다.

"내가 받고 싶은 크리스마스 선물 리스트예요. 물론 우선 아주 얌전해야 하겠죠. 그리고 까불거리지 않기, 말 잘 듣기, 싸우지 않기, 소리 지르지 않기……."

울어도 안아주지 않는 엄마
사랑을 나눠주는 방식이 다를 뿐

어제와 비슷하고 지난주와도 크게 다르지 않은, 그렇고 그런 하루를 지내다가 메신저 애플리케이션 대화방들이 서로의 안부를 묻느라 들썩들썩하다는 걸 눈치챘다. 추석이 오고 있었다. 친구가 보내온 사진의 플래카드 문구가 웃픈(?) 코로나 시대의 명절을 잘 대변해줬다. "불효자는 '옵'니다." 그렇지 않아도 우리 가족이 프랑스에 온 뒤 명절 분위기가 많이 가라앉았을 시골집이 올해는 더 조용하게 생겼다. 엄마가 육체노동을 덜하게 된 걸 그나마 다행이라고 해야 할까? 생각해보면 명절은 항상 엄마에게 (보너스 같은 게 있을 리 없는) 추가 연장근로 기간이었다.

내게 엄마란 존재는 가족을 위해 모든 걸 희생하는 사람으로 각인되어 있다. 모든 엄마는 정도의 차이가 있을 뿐 특히 자녀를 위해 헌신하는 사람이라고 알고 있었다. 그런데 아내와 부부의 인연을 맺고 한 집에 살게 되면서 엄마의 상像에 대한 차이가 엄청난 문화 충격으로 다가왔다. 엄마가 된 아내는 내가 아는 엄마와 달랐다. 내 선입견에 균열이 생기기 시작했다. 아내나 나나 초보 부모였기 때문에 그 기억들이 더 강력한 것으로 남아 있는지도 모르겠다.

나는 잊어버렸는데 누나들은 우리 첫째가 갓난아이 때 유난히 울음이 많았다고 한다. 아마도 그 말이 맞을 것이다. 아이가 아무리 자지러지게 울어도 엄마가 안아주지 않았으니까 말이다. 배가 고프거나, 기저귀가 더러워졌거나, 정말로 아픈 경우가 아니라면 울어도 소용없었다. 아빠가 안아주는 건 효과가 없을 때가 많았다. 엄마의 품에 안겨야 울음이 끝나곤 했지만, 앞서 말한 세 경우가 아닐 때에는 좀처럼 그런 기회를 얻기 힘들었다.

이런 행동은 모성애가 없어서가 아니라 현실적인 이유에서 나온다. 일종의 길들이기 전략 중 하나다. 프랑스 사람들은 배고픔과 더러움, 아픔에 대한 실질적 요구가 없는데도 울 때마다 안아주면 엄마는 아이의 노예가 된다고 생각한다. '노예'라는 단어가 불편하기도 했지만, 아내를 포함한 많은 프랑스인 엄마들은 실제로 그 표현을 사용한다.

아내의 이론과 행동은 내가 아는 엄마의 모습과 너무 달랐다. 내가 아는 엄마는 희생을 넘어 노예 되기까지의 행동도 보여주는 사람이었다. 그렇게 끝도 없이 자신의 시간과 체력을 소모하면서도 더 안아주지 못해 미안하다고 말하는 사람이었다.

나중에 장모님을 더 알게 된 뒤 아내의 행동을 100퍼센트 이해할 수 있었다. 내가 가지고 있는 엄마의 상이 내 엄마인 것처럼, 아내에게 엄마의 상은 장모님일 것이다. 장모님은 우리 아이들, 즉 손주들에게 살갑게 대하지만 자신의 영역까지 내어주진 않는다. 아무리 오랜만에 만났어도 안아주는 것은 잠시다. 사랑이 넘치는 재회의 포옹이 끝나면 얄짤없다. 아이들이 시끄럽게 집안을 돌아다니면 장모님은 어김없이 이렇게 말한다.

"이 집에서 너희들 목소리밖에 안 들린다!"

처음엔 농담처럼 하는 말인 줄 알았다. 그런데 전혀 농담이 아니었다. 오랜만에 봤으니 반가운 것 인정, 넓은 시골집에 왔으니 뛰어노는 것도 인정, 그러나 어른들 대화를 방해하는 것은 '용납 못함'이다. 여기서 그치지 않고 퇴장, 즉 레드카드가 나오기도 한다. 아이들은 밖에 나가서 시끄럽게 놀기와 방에서 조용히 놀기라는 선택지가 있을 뿐이다.

내가 만들어낸 개똥 이론, 전라도 음식이 맛있을 수밖에 없는 원리가 떠올랐다. 전라도 음식이 맛있는 이유는 전라도 음식이 맛있기 때문이다. 전라도 음식에 길들여진 전라도 사람은 맛에 대한 자신의 기준에 맞추기 위해 음식이 맛있어질 때까지 요리를 한다. 그래서 결국 전라도 음식은 맛있는 음식이 된다.

이를테면 어떤 가치에 대한 기준의 개인차가 존재하는 것이다. 아내가 갖고 있는 엄마의 상은 내가 갖고 있던 엄마의 상과 전혀 달랐다. 나중에 아내의 외할머니를 만난 후 장모님의 행동을 전적으로 이해하게 됐다. 자식에 대한 프랑스인들의 입장은 무조건적인 헌신과 희생이 아니었다.

그런데 프랑스 엄마들의 이런 태도는 육아에 플러스 요인으로 작용하는 것 같았다. 아이에게도 플러스 요인인지는 당장 알기 어렵지만 육아를 하는 사람 입장에서는 잃을 게 없었다. 나 역시 그 혜택을 입었기에 자신 있게 말할 수 있다. "우는 아이를 안아주지 않는다고?" 이런 말을 들으면 우리를 모진 사람이라고 할 수도 있지만, 결정적 고비만 넘기면 현실에서는 꽤 부드럽게 흘러간다.

아이의 울음을 예로 든다면, 우선 '왜 우는지'를 구분할 수 있어야 한다. 부모가 개입해야 하는 세 가지 경우인지를 파악하는 것이다. 세 가지 중 진짜로 아파서 우는 경우는 어렵지 않게 알 수 있다. 뭔가에 찔렸거나 쿵 하고 떨어졌거나 감기 따위로 진짜 아파서 우는 경우 말이다. 아파서 우는 게 아니라면 기저귀를 확인할 차례다. 대변이 있는지, 소변이 너무 젖어서 불편한 건지. 그것도 아니면 배가 고프다는 건데, 식사 시간은 아이가 아니라 부모가 정하는 것이어서 부모가 더 잘 안다. 군대 배식처럼 딱 떨어지는 것은 아니지만 개월 수에 따라 적당한 간격이 있고, 그 간격을 감안해 배가 고픈 건지 아닌지를 판단할 수 있다.

갓난아이의 경우에는 식사 간격이 대략 2시간 정도다. 산모가 정신적으로나 신체적으로 가장 힘들어하는 시기로 모유 수유를 하는 경우엔 특히 그렇다. 잠을 2시간 이상 이어서 잘 수 없기 때문이다. 아내 역시 마찬가지였다. 아이의 위가 음식을 처리할 수 있는 용량이 늘면서 점차 간격도 길어진다. 그러다가 저녁 식사 후 잠이 들어 아침까지 깨지 않는 날이 왔을 때 아내와 나는 환호했다. 자다가 깨서 우유를 주는 수고를 더 이상 하지 않아도 되기 때문이다. 약 6개월을 전후해 이런 시기가 찾아오는데 그때부터는 아침 8시, 낮 12시, 오후 4시, 저녁 8시 등 하루 네 번 패턴이 꽤 오랫동안 유지된다. 다시 말해 이 시간과 상관없는 시간에 우는 것은 배고파서 우는 걸로 쳐주지 않는 것이다.

아픈 데 없고, 저녁을 먹었고, 목욕도 했고, 잘 시간이 돼서 침대에 뉘었는데 안 자겠다고 우는 경우는 미안하지만 타협의 여지가 없다. 부모에게도 위기의 순간이다. 이 위기를 잘 넘기지 않으면 아이가 안 좋은 습관을 가질 수 있기 때문이다. 그렇다고 무작정 울게 내버려두는 것은 아니다. 처음엔 5분 정도 기다렸다가 계속 울면 다시 아이를 달래며 조곤조곤 설명을 한다.

"잘 시간이야, 형도 누나도 다 잘 거야."

5분은 매우 길다. 게다가 아이가 그 시간 내내 운다면 더욱 길게 느껴진다. 다음은 조금 더 길게 울도록 내버려두고 또 달래준다. 이런 식으로 몇 차례 하면 아이 스스로 지쳐서 잔다. 이 과정을 이틀이나 사흘만 반복하면, 잠을 자지 않겠다고 떼쓰며 우는 경우는 보기 힘들어진다. 이제 몸이 아픈 경우가 아니면 침대에 뉘어도 울지 않는다.

한국에서 아이를 키워본 사람들이 가장 놀라는 게 우리가 아이를 재우는 방식이었다. 그런데 우리만 특별히 그런 게 아니라 프랑스의 대부분 부모들은 우리처럼 한다. 아니, 내가 아는 부모들 대부분은 그렇게 한다. 친구들을 저녁식사에 초대해 식전주를 마시다가, 밤 8시 정도가 되면 아내나 내가 "아이 재우고 올게."라고 말한 뒤 아이를 데리고 방으로 간다. 그리고 채 5분도 지나지 않아 거실로 다시 돌아온다. 프랑스에서는 어린아이가 있는 어느 가정에서나 쉽게 볼 수 있는 광경이다. 한국인이 그 자리에 있다면 열에 아홉은 "벌써 재웠어?"라며 놀라워한다.

물론 이렇게 되기까지의 과정이 결코 순탄치는 않다. 아내와 나도 울고 있는 아이의 방문 앞에 서서 귀를 쫑긋 세우고 수도 없이 대화를 나눴다.

"이제 들어갈까?"

"조금 더 기다릴까?"

"5분 아직 안 됐어?"

우리는 똑같은 과정을 네 번 반복했고, 그 결과 우리 아이들은 지금까지도 8시 30분이면 잠자리에 드는 습관을 갖게 됐다. 중학생인 첫째는 특별대우를 받아서 9시다.

물론 주말이나 방학 때는 탄력적으로 적용할 수 있지만, 학기 중에는 이 원칙이 철저하게 지켜진다. 잠을 충분히 자는 건 성장기 아이들에게 플러스 요인이고, 9시 이후 시간은 온전히 아내와 나, 둘만의 시간이라는 점에서 부모에게도 플러스 요인이다. 이렇다 보니 자연스럽게 프랑스식 육아가 꽤 합리적이라는 생각이 든다. 그래서 가끔은 아내보다 내가 좀 더 세게 나가기도 했다.

"조금 더 울려도 될 것 같은데?"

이제 플라톤의 이데아 세계에나 존재할 법한 엄마의 상은 내 머릿속에서 지웠다. 내 엄마도, 아내의 엄마도 자신이 줄 수 있는 최대한의 사랑을 아이들에게 나눠주었다. 다만 그 방식이 다를 뿐이다. 훗날 큰딸이 엄마가 되면 또 새로운 엄마의 상을 우리에게 보여줄지도 모를 일이다.

아듀~! 콧물흡입기
삶의 단계 앞에 선 아이들에게

만 열한 살에서 한 살까지의 아이 넷을 키우고 있는 우리는 아이들이 겪은 수많은 삶의 단계들을 함께했다. 가장 큰 아이가 중학생인데, 대학 입학은커녕 중학교 졸업도 안 한 주제에 '삶의 단계'는 너무 거창한 거 아니냐고 하는 사람이 있을지도 모르겠다. 당연히 결혼이나 졸업, 상급학교 진학 같은 단계들은 중요하다.

하지만 그렇게 성인이 되기까지는 눈에 보이지 않는 자잘한 계단들을 올라야만 한다. 아무리 계단이 낮아 보여도 처음 그 앞에 서는 아이에게는 거대한 벽이 되기도 한다. 벽을 넘어선 뒤에야 아이는 계단이 그리 높지 않았다는 사실을 깨닫게 된다. 아이들은 그렇게 계단 여럿을 올라 하나의 단계를 넘는다.

세상으로 나온 아이가 가장 먼저 오르는 계단은 아마 엄마젖 빨기일 것이다. 나중에는 엄마의 살이 벗겨질 만큼 고통스러워지기도 하지만, 아이가 젖을 처음 빠는 순간 어른들은 손뼉을 치며 기뻐한다. 굶지 않고 살아갈 최소한의 힘이 있다는 걸 보여주기 때문일 것이다. 손에 힘을 줘서 물건을 쥐고, 엄마 아빠와 눈을 마주치고, 방긋 웃어 보이고, 스스로 뒤집기에 성공하고, 기어서 앞으로 나아가고 혼자 앉을 수 있게 되고, 마침내 일어서서 걷고, 저녁부터 아침까지 깨지 않고 잠을 자고, 젖병을 들고 혼자 우유를 마시고, 이유식을 먹고, 이가 나서 딱딱한 음식을 먹을 수 있게 되고, 혼자서 밥을 먹고, 옹알이를 하고, 엄마아빠를 부르게 되는 모든 과정이 다 자잘한 계단들이다.

나이가 어릴수록 계단은 더 낮다. 물론 그건 어른인 내 기준에서다. 아이가 계단을 올라서는 걸 지켜보는 즐거움이 쏠쏠한데 지금 우리 넷째가 힘들게 공략하고 있는 계단은 혼자서 코 풀기다.

만 한 살이 되기 전부터 어린이집 같은 공동시설에 다닌 우리 아이들은 시설에 간 후 1년 정도는 콧물을 달고 살았다. 첫 6개월은 정말 심했다. 어린이집에서 아이들이 어떻게 노는지를 유심히 살펴보면 당연한 노릇이다. 널려 있는 각종 장난감을 입으로 빨고, 그 장난감을 다른 아이가 또 빨고, 놀이기구에서 부딪히고, 서로의 얼굴을 쓰다듬는 동안 얼마나 많은 바이러스가 옮겨 다닐까 싶은 생각이 든다. 바이러스나 감염이라는 단어에 민감해진 요즘은 아이들의 그런 행동이 더 눈에 잘 보인다.

어린이집에 다니면서부터 깨끗하던 아이의 얼굴이 콧물로 범벅이 되고 꾀죄죄하게 바뀌었다. 만 한 살 전후의 아이가 유난히 뽀얗고 깨끗한 얼굴을 하고 있다면, 십중팔구 어린이집에 다니지 않을 것이다. 콧물이 이틀 이상 심하게 흐르면 병원에 가지만 크게 달라지는 것은 없다. 용하디 용한 르루아 선생도 청진기로 호흡기에 이상이 있는지를 체크하고 문제가 없으면, 같은 말만 반복한다.

"콧속을 소금물로 자주 소독하고 콧물을 자주 닦아주세요."

만 두 살이 안 된 아이에게는 특별히 처방해줄 약이 없기 때문이다.

서울에 살 때는 의사들이 아예 흡입기로 콧물부터 제거하고 진찰을 시작했다. 아이들은 기계음과 빨아들이는 강도 때문에 그리 좋아하지 않았다. 집에서 내가 입으로 빠는 수동 콧물흡입기도 기겁을 하며 싫어하는데 무지막지한 힘으로 빨아대는 기계식을 좋아할 리 없다. 병원에서 코를 깨끗하게 해주는 게 안 하는 것보다 낫겠지만, 기계 자랑하는 것 외에 다른 어떤 큰 의미가 있을까 싶은 생각이 들기도 했다.

혼자 코를 풀지 못하는 아이가 있는 동안에는 수동 콧물흡입기가 없어서는 안 될 필수 품목이다. 어린이집에서는 흡입기를 사용하지 않고 코 밖으로 나온 콧물만 살짝 닦아주기 때문에 콧속을 깨끗하게 유지하는 데 도움이 되지 않는다. 집에 있는 동안만이라도 아이를 쫓아다니면서 흡입기로 콧물을 빼고, 소금물로 소독을 해줘야 한다. 지금 우리 넷째가 그런 모든 수고를 하지 않아도 되는 계단 앞에 서 있는 것이다.

콧물을 혼자 풀 수 있으면 흡입기는 서랍 어딘가에 처박히게 된다. 석 달 전 이유식을 끝내면서 음식을 증기로 익혀 갈아주는 이유식 마스터기를 창고에 고이 넣어둔 것처럼 말이다. 한 번 계단을 올라서면 언제 그 계단 앞에서 망설였냐는 듯 뒤는 쳐다보지도 않게 된다. 그리고 대개는 잊는다.

기저귀를 뗄 때도 비슷한 경험을 한다. 기저귀를 떼는 건 스스로 콧물을 푸는 것보다 훨씬 중요하다. 혼자 코를 풀게 됐다고 자랑하는 일은 드물지만, 아이가 혼자서 화장실에 간다는 자랑은 심심찮게 들을 수 있다. 어깨를 으쓱할 만큼 자랑할 만한 일인 것이다.

기저귀를 떼면 일상에서도 중대한 변화가 생긴다. 가장 먼저 외출할 때 준비물이 크게 줄어든다. 기저귀 가방에는 기저귀만 들어 있는 것이 아니다. 옷이 대소변 때문에 범벅이 될 경우도 대비

해야 하기 때문이다. 기저귀 가방에는 물수건이나 바닥에 깔 수 있는 작은 받침도 들어 있다.

기저귀를 떼면 이 모든 것을 더 이상 챙기지 않아도 된다. 아이를 더 낳을 계획이 아니라면 누군가에게 다 물려줘도 된다는 말이다. 육아용품을 남에게 넘길 때의 감정은 정말 특별하다. 오랫동안 갖고 있던 물건을 보내는 데서 오는 시원섭섭함에, 아이가 계단을 넘었음을, 그러니까 하루가 다르게 크고 있음을 더 실감하게 되기 때문이다.

기저귀를 떼는 것은 사회적으로도 의미가 있다. 프랑스인들은 만 여섯 살이 되면 초등학교에 입학하면서 의무교육 사이클에 들어가게 된다. 만 세 살부터 다섯 살까지 3년 동안의 유치원 과정은 실질적으로 거의 모든 아이가 거치지만 의무는 아니다. 만 세 살이면 들어가는 유치원 저학년의 입학 조건은 단 하나, '스스로 대소변을 가릴 수 있는가'이다.

우리 아이들은 기저귀 떼는 데 크게 까다롭지 않았다. 심지어 셋째는 까다롭지 않은 정도가 아니라 너무 빠른 적응력으로 기저귀를 떼서 입이 마르도록 주변에 자랑을 했다. 한국에서 어린이집을 다녔던 셋째가 두 번째 생일을 맞을 무렵, 같은 반 친구들은 거의 대소변을 가린 상태였다.

확실히 한국에서는 삶의 계단을 오르는 일에 부모들이 적극적이다. 만 두 살도 되기 전에 기저귀를 벗어버린 아이들이 많았다. 상대적으로 프랑스인들은 굳이 서두를 필요가 있냐는 태도다. 여섯 명의 자녀를 둔 88세, 아내의 외할머니는 아장아장 걷는 넷째를 보고 아직 두 살도 안 됐는데 잘 걷는다고 한다. 자기 때는 세 살은 돼야 걸었다나.

아이들을 키워보니 뒤집기나 걷기 등의 발달 과정이 빠르다고 딱히 좋을 것도 없어 보인다. 아이를 키울 때 온 힘이 집중되는 시기는 만 한 살에서 세 살까지 정도다. 그 기준은 혼자 자유롭게 걸을 수 있는 시기와 만져서는 안 될 것을 구별할 수 있는 시기다. 아이가 자유롭게 돌아다니며 아무거나 만지기 시작하면 한 시도 눈을 뗄 수가 없다. 아이가 늦게 걸을수록 이 힘든 시기를 늦출 수 있으므로 걸음마를 빨리 뗐다고 좋아할 일도 아닌 것이다. 비슷한 맥락에서 만 세 살이 되도록 기저귀를 찬 프랑스 아이들은 어렵지 않게 만날 수 있다.

셋째가 기저귀를 떼던 해, 그러니까 만 두 살이 되던 그 해 서울에서 살던 우리는 여름 두 달 동안 프랑스 처가에서 지냈다. 장소가 바뀌고 시간도 바뀌는 등 환경이 안정적이지 않다는 핑계로 셋째의 대소변 가리기 연습을 자꾸 미루고 있었다. 기저귀 떼는 일이 시작되면 속옷에 실수를 할 수 있기 때문에 방학이 끝나 한국에 돌아가면 그때부터 시작하려고 생각했다. 서울에 돌아와 다시 어린이집에 다니게 됐는데도 한동안 기다렸다. 환경이 또 바뀌었는데 갑자기 대소변 가리기를 하면 애가 싫어할지도 모른다며 우리의 게으름을 포장했다.

어느 날 우리는 어린이집 교사와 상의한 뒤 디데이를 정해 기저귀를 과감하게 던졌다. 신기하게 셋째는 그날 이후로 거의 단 한 번도 속옷에 대소변 실수를 하지 않았다. 부모가 망설였을 뿐 아이는 이미 기저귀를 뗄 준비가 되어 있었던 거다. 그걸 더 빨리 알아주지 못해 미안한 마음이 들 정도였다. 콧물 혼자서 풀기의 다음 미션이 될 대소변 가리기에 있어서 넷째도 셋째와 비슷한 정도로 연착륙해주길 바라는 마음뿐이다.

지금 초등학교 1학년인 셋째의 계단은 글 쓰고 읽기다. 한국에서는 초등학교 입학 전에 읽고 쓰기를 다 끝내지만, 프랑스에서는 딱히 그렇지 않다. 물론 준수한 정도로 글을 읽고 쓰는 아이들이 초등학교 1학년에 있을 수 있지만, 너무 잘 하면 월반을 시키지 1학년 교실에 남겨두지 않는다. 수업시간에 배울 게 없어서 심심할 테니까. 셋째는 이 계단을 그런대로 잘 올라서고 있다.

초등학교 마지막 학년인 5학년 둘째는 중학교 입학이라는 큰 계단을 앞에 두고 있다. 첫째의 경험에 비추어 보면, 초등학교와 중학교는 차이가 꽤 컸다. 나도 초등학교와 중학교의 다른 점을 직접 겪어봤지만, 너무 오래전인데다 환경도 달라서 첫째와 비교하는 게 더 합리적이다.

우선 초등학교와 중학교의 공부 양이 비교하기 어려울 정도로 차이가 난다. 과목과 교사가 많아지는 건 근본적인 차이 중 하나다. 결정적으로 중학교에서는 성적이 점수로 매겨진다. 초등학교는 시험을 치르더라도 채점방식이 다르다.

예를 들면, 매우 잘함, 잘함, 보통, 못함의 4단계 평가를 할 뿐 점수로 환산하지 않는다. 그런데 중학교에서는 모든 과목에서 20점 만점의 점수를 받는다. 절대평가여서 상대평가보다는 덜하다고 해도, 성적이 점수로 매겨지고 결국 학기말에 자신의 등수를 알게 되는 건 그 자체로 스트레스가 된다.

하지만 이 또한 순전히 한국인 아빠인 내 생각일 뿐, 프랑스 스타일에 더 가까워 매사에 만사태평인 둘째는 20점 만점에 10점을 받아도 별 스트레스를 안 받을지 모른다.

중학교 2학년인 첫째의 계단은 사실 잘 모르겠다. 아마도 사춘기가 아닐까? 아이들이 클수록 그들의 요구에 귀를 덜 기울이게 되는 것 같다. 기나긴 사춘기의 터널을 지나면 수많은 계단들을 지나 삶의 단계가 하나 바뀌게 될 것이다.

"작은 아이에게는 작은 근심이, 큰 아이에게는 큰 근심이 있는 법이다."

매번 아이들에게 어려움이 닥쳤을 때 프랑스인들이 자주 입에 올리는 이 격언을 되새긴다. 걸음이 서툴러 이마를 잘 찧는 넷째를 보면서 지금은 이마에 작은 혹이 생기지만, 사춘기에 어딘가에 충돌한다면 이마의 혹과는 비교할 수 없을 거라는 생각을 한다. 경제적 관점에서 봐도 의미가 통하는 격언이다. 지금은 기저귀 값이지만, 나중엔 학비와 생활비. 네 명의 아이가 얼마나 스펙터클한 단계들을 거치게 될지 사뭇 궁금해진다.

하나의 단계를 넘었다는 건 새로운 단계에 들어섰다는 말이기도 하다. 그 과정에서 부모인 내가 해줄 수 있는 게 무엇인지를 생각해본다. 아이를 낳고 기른 부모라지만 그 역할이 그리 크지 않을지도 모른다. 계단 하나하나를 넘고, 단계를 바꿔가는 건 결국 아이 스스로의 몫이다. 계속 지켜봐주고 응원해주고 넘어져도 괜찮다는 믿음을 주는 것 말고 더 무엇을 할 수 있을까. 조만간 넷째가 혼자 코 풀기에 성공해, 콧물흡입기에게 작별을 고할 수 있길 바랄 뿐이다.

두두에게 질투를 느끼다니

프랑스 아이들이 애착인형을 소비하는 법

보보, 쿠쿠, 뽀뽀, 까까, 부부, 봉봉, 미미…… 프랑스 사람들은 같은 글자 두 개를 연달아 붙여 부르는 걸 유난히 좋아한다. 아이들이 사용하는 표현은 특히 더 그렇다. 프랑스에서 아이들을 키우다 보니 나도 그런 표현에 자연스러워졌다. 하지만 아이들 말이 아니더라도 프랑스어에서 반복되는 단어들은 무척 많다. 한국인에게 가장 익숙한 사례는 아마도 프랑스 명품 브랜드 샤넬에 등장하는 '코코coco'일 것이다.

디자이너 샤넬의 원래 이름은 가브리엘인데, 그녀가 카페에서 가수 생활을 할 때 '누가 트로카데로 광장에서 코코를 본 적이 있나요?'라는 노래를 즐겨 불러 '코코'라는 별명을 갖게 됐다고 한다. 노래 속 코코는 개의 이름이다. 본래 코코는 닭을 뜻하는 코코트cocotte에서 유래한 말인데, 애정을 담아 누군가를 부르는 호칭으로 쓰인다. 우리가 아이들을 '내 강아지'라고 부르듯이 말이다. 이와 비슷하게 샤를롯트라는 이름은 '샤샤'로, 조제프는 '조조'로 부르기도 한다. 이렇게 같은 글자 두 개로 이뤄진 단어는 구어체에 많아서 아이들이 주로 사용하거나 친한 사이의 대화에 자주 등장한다.

물론 우리집에서도 아주 흔하게 사용한다. 특히 '두두doudou'는 하루에도 몇 번씩 외치는 단어로, 한국에서는 주로 애착인형이라고 번역한다. 서 있는 곳이 달라지면 풍경만 달라지는 것이 아니라 쓰는 말도 달라지는 법이다. 애착인형을 사전에서 찾아보니 "어린 아이가 몹시 좋아하여 떨어지려고 하지 않아 항상 가지고 다니는 인형."이라고 나와 있다. 애착 대상이 꼭 인형이 아니더라도 넓은 의미에서 두두라고 부를 수 있다.

프랑스어의 두두는 '부드러운'이라는 뜻을 가진 형용사 doux에서 유래했다. 얼마나 부드럽기에 '부드럽다'는 단어를 두 번이나 사용했을까. 생각해보면 나도 어렸을 때 두두가 있었다. 사람이나 동물 형상이 아니어서 애착인형보다는 두두에 가까운데 바로 엄마의 빨간색 벨벳 치마가 그랬다. 그 부드러운 감촉은 어렴풋하게나마 지금도 기억이 난다.

프랑스 아이들은 90퍼센트 이상 두두가 있다. 모든 아이에게 두두가 있는지 알 길이 없으니 100퍼센트라고 단언할 수 없지만 99퍼센트라 해도 과언이 아니다. 두두를 일찍 끊거나 늦게까지 갖고 있거나 차이는 있어도 부모가 처음부터 두두를 주지 않는 경우는 거의 없다.

프랑스에서 두두는 단순한 장난감이 아니다. 프랑스어 사전에서는 두두를 과도기적 대상의 하나, 즉 "어린이가 어머니와의 구순적 관계에서 사물로의 관계로 이행할 때 선택하는 엄지손가락, 이불 끝, 봉제인형 따위의 물건."이라고 설명하고 있다.

아이에게 안정감을 느끼게 하는 두두는 특히 잠이 들 때 유용하다. 바꿔 말하면, 두두가 없으면 아이가 쉽게 잠들지 못할 수도 있다는 말이다. 여기에 두두의 맹점이 있다. 아이가 잠을 잘 시간인데 두두가 눈에 보이지 않으면 온 집을 뒤져서 두두를 찾게 된다. 궁여지책으로 엄마가 입던 면티 같은 옷을 벗어서 주기도 한다. 새 옷이 아닌 입던 옷이라야 한다. 세제 냄새보다는 엄마의 몸 냄새가 느껴져야 할 테니까. 그러니까 두두를 하나만 두는 것은 초보 부모 티를 내는 일이다.

사실 10여 년 전 첫째가 애기일 때 우리 모습이 딱 그랬다. 아직 걸음마를 떼기 전인 첫째를 유모차에 태우고 파리 시내 우리 동네를 돌아다니다가 그만 두두를 잃어버렸다. 두두를 가지고 장난치던 첫째가 어느 순간 손에서 놓쳐버린 것이다. 우리는 너무나 당황했다. 두두는 하나밖에 없는데 어쩌지, 이제? 똑같은 두두를 가게에서 살 수 있을까? 당장 오늘 밤에 얘를 무사히 재울 수 있을까? 심각하게 현실적인 걱정을 하고 있던 순간 한 남성이 우리를 향해 헐레벌떡 뛰어와 첫째의 두두를 내밀었다.

"이거 너희 애 거 맞지?"

바닥에 떨어져 더럽혀진 토끼인형 두두가 우리를 보며 방긋 웃고 있었다. 우리는 안도의 한숨을 내쉬며 두두의 양면성을 재확인했다. 두두는 절대 한 개여선 안 된다는 걸 깨달은 순간이었다. 마음씨 좋은 아저씨는 고마워하는 우리를 향해 '나도 그 마음 잘 알아' 하는 표정을 지으며 되돌아갔다.

나중에 두두를 잃었다는 사실보다 그 상황에서 어쩔 줄 몰라 하는 나 자신에게 더 당황하고 있었다는 걸 알았다. 다시는 똑같은 일을 겪지 않기 위해 그때부터는 두두를 여러 개 만들었다. 두두가 인형이라면 비슷한 인형을 여러 개 사서 침대에 같이 놓아 아이의 냄새가 배게 해놓는 것이다. 둘째는 천 조각을 두두로 사용했는데, 역시 여러 개를 만들어 두두를 잃었다고 당황하는 상황을 피할 수 있었다.

네 아이 중 두두와 완벽하게 이별을 한 건 둘째가 유일하다. 현재까지는 개인 성향의 차이로 이해할 뿐 이렇다 할 합리적 이유를 찾지는 못했다. 다만 손가락 빨기와 두두가 밀접한 연관이 있을 것이라는 추정만 할 뿐이다. 한국에서 두두가 광범위하게 퍼지지 않는 것도 어쩌면, 아이들이 손가락을 빨게 놔두지 않는 문화와 이어서 생각할 수 있다.

아직도 가끔 두두가 필요한 첫째와 셋째는 손가락 빨기를 아주 늦게 끊었고, 둘째는 꽤 일찍 끊었다는 점이 그 증거다. 만 열한 살인 첫째와 만 여섯 살인 셋째에게 두두는 여전히 여행갈 때 꼭 챙기는 물건 중 하나다. 아직 '끊었다'고는 말할 수 없는 것이다. 아내의 어린 사촌들 중에는 중학생이 될 때까지도 학교에서 돌아오자마자 찢어지고 닳아 침 범벅이 된 두두를 물고 다니던 애도 있었다. 아내의 이모 집에서 그 사촌을 처음 봤을 때 '왜 쟤는 걸레를 물고 다니지?'라고 생각했다.

두두는 부모와 아이의 성향에 따라 무척 다양한 형태로 나타난다. 아이용품 전문점에서 살 수 있는 두두는 주로 벨벳 소재로 된 동물 모양 인형이다. 토끼, 곰, 여우, 펭귄, 올빼미, 사자, 개구리, 고양이, 강아지 등 무궁무진하다. 모양에 관계없이 아이가 그 물건과 떨어지지 않으려 하면 두두로서 제 의무를 다 하는 것이다. 보통 아이가 태어났을 때 출산 선물로 좋은 아이템이어서 우리도 꽤 많이 받았다.

동물 모양 인형이 아니라 그냥 천을 두두로 사용하는 경우도 많다. 둘째는 하얀 광목 같은 천을 두두로 썼는데, 하도 만지고 비벼대고 빨아서 나중에는 행주처럼 부들부들해졌다. 셋째는 아이용 베개를 두두로 사용한 케이스인데, 역시 너무 닳아서 베갯잇이 찢어지는 지경에 이르렀다. 천만 새로 사서 베갯잇을 다시 만들어 줬더니 베개 모양 새 두두가 됐다. 첫째는 셋째가 태어났을 때 선물로 들어온 두두를 가져도 되느냐고 물은 뒤 지금껏 만지고 산다. 자기도 양심은 있는지 침대 밖으로는 들고 나오지 않는다. 이렇게 네 아이는 각각 네 종류의, 자신만의 두두를 갖고 있다.

만 두 살이 안 된 넷째에게는 두두가 아직 필수 품목이다. 말을 배우면서 엄마(마망)maman 아빠(빠빠)papa 다음으로 많이 발음하는 단어가 두두일 것이다. 글자를 반복하는 단어가 많은 건 아이들이 발음하기에 편하기 때문이기도 하다. 만약 아이들이 두두를 찾을 때 "애착인형 주세요!"라고 해야 했다면 그 천 조각이나 인형에 별로 애착을 갖지 않았을지도 모를 일이다. 두두라는 발음이 쉽다는 건 다른 곳에서도 확인이 된다. 프랑스어라고는 '봉주르' 정도밖에 모르는 70대 할머니 우리 엄마도 우리 가족이 집에 가면 "넷째 두두 어디 있냐?"를 입에 달고 산다.

우리는 아침마다 "넷째 두두 어디 있지?"를 외친다. 특히 넷째가 어린이집에 갈 때는 꼭 필요하다. 엄마아빠가 없는 환경에서 낮잠을 자야 하기 때문이다. 꼭 낮잠이 아니어도 뭔가 결핍이 느껴지면 아이들은 곧바로 두두를 한 손에 쥐고 다른 손 엄지손가락을 입에 넣는다. 어린이집에는 아이들이 가져온 두두를 정리하는 가구가 따로 있을 정도다. 칸마다 이름이 적혀 있는 것은 당연하다. 아이들은 자기 두두를 알아보지만 어른들은 누구의 두두인지를 알 수 없으니까. 어린이집 교사들은 제2, 제3의 두두가 있으면 하나는 어린이집에 놓고 갈 것을 권한다.

넷째가 가끔 밤중에 깰 때가 있다. 아내가 안아주면 손쉽게 일이 풀리지만, 피곤한 아내를 깨우지 않으려고 내가 안아주다가 사태를 악화시키기도 한다. 데시벨 10 정도로 울다 내가 안으면 40으로 올라가는 황당한 경험, 대부분의 아빠들은 공감할 것이다. 그럴 때 두두를 손에 쥐어주면 넷째는 데시벨 5 수준으로 안정을 되찾는다. 아, 내가 두두보다 못한 취급을 받다니. 가끔 내가 이러려고 전업주부가 됐나 하는 자괴감도 든다. 날마다 밥 주고, 간식 주고, 기저귀 갈아주고, 씻기고, 놀아줘 봐야 육아계에서 아빠는 엄마라는 존재를 제칠 수 없는 이등에 불과할 뿐이다. 아니, 삼등일 수도 있다. 엄마, 두두, 아빠.

물론 아이 넷의 기저귀를 수도 없이 갈아온 지금의 내가 그런 걸로 마음 상하는 유리 멘탈은 아니다. 첫째 때부터 육아의 적지 않은 부분을 담당했던 나는 정반대 상황을 아주 오래전에 겪은 적이 있다. 우리가 파리에 살던 때 한동안 첫째가 어린이집에도 가지 않고 하루 종일 나와 지냈다. 초보 중에서도 왕초보 아빠였던 나는 경험이 없는 데다 엄마나 누나 등 주변에 물어볼 사람도 없어서 말 그대로 혼자 맨땅에 헤딩을 해야 했다.

아내는 대학원에 다니느라 아침이면 나갔고, 나는 집에서 아이가 자는 시간에 기사를 썼다. 시간이 되면 재우고, 먹이고, 함께 산책을 나가고, 씻기고, 또 먹이는 일상을 첫째와 함께했다. 그런데 어느 날 첫째가 학교에서 돌아온 엄마 품에 안기기를 거부하는 듯한 제스처를 취한 것이다. 아내는 거의 울음을 터트릴 뻔했다. 진짜로 마음이 상한 것 같았다. 그래도 내가 엄만데 나를 멀리하다니 싶었을 것이다. 가끔 두두에게 질투를 느끼는 나는 당시 아내의 그 마음을 누구보다 잘 이해할 수 있다.

나는 지금도 꿈을 꾼다. 우리집에서 두두가 사라지는 그날을 말이다. 열한 살인 첫째가 아직까지 두두를 만지작거리는 걸 감안하면 넷째가 열한 살이 되는 10년 후에도 우리는 "두두 어디 있는지를 왜 나한테 묻냐? 중학생이나 돼 가지고, 쯧쯧!" 하며 넷째를 다그치고 있을지도 모른다. 다만 두두가 사라지면 내가 좀 아쉬울 수도 있겠다. 아이가 슬플 때 내 위로가 통하지 않으면 두두가 그 역할을 대신해줬는데, 두두가 필요 없는 나이가 됐을 때는 무엇이 내 위로를 대신해 줄 수 있을까 하는 생각에서다.

이빨요정과 이성의 나이

넘치는 질문을 주체하지 못하는 셋째를 보며

최근 밥을 먹다 말고 얼굴을 찡그리는 셋째를 발견했다. 왜냐고 물으니, 씹을 때 이가 아프다고 했다. 이가 흔들리는 것 같다면서. 이가 흔들리는 걸 처음 경험해본 셋째 입장에서는 기분이 그리 좋지 않아 인상을 썼던 것이다. 그러나 우리는 박수를 치며 셋째를 축하해줬다. 이가 흔들린다는 건 곧 이가 빠진다는 걸 의미한다. 이가 빠지는 건 삶의 단계를 하나 지나는 것과도 같다. 이건 단순히 신체 발달의 한 과정을 뛰어넘어 꽤 중요한 의미를 가지는 사건이다.

유치는 대개 만 여섯 살에서 여덟 살 사이에 빠진다. 셋째는 만 여섯 살인데 같은 반 친구 중에는 벌써 이가 빠진 애들이 몇몇 있다. 그 친구들을 보며 자기에게도 곧 다가올 일임을 예감하고 마음의 준비를 하고 있는 것 같다. 그렇더라도 두려움을 다 감출 수는 없는 모양이다. "이가 흔들려요."라는 셋째의 목소리에서 약간의 떨림을 느낄 수 있었다. 우리는 "와, 이제 생쥐가 돈을 주고 가겠네."라면서 박수를 쳤다.

프랑스에서는 뺀 이를 머리맡에 두고 자면 밤에 생쥐가 와서 동전을 놓고 이를 가져간다고 아이들에게 말해준다. 여기서 생쥐는 산타클로스와 비슷하다. 믿어도 믿지 않아도 그만이다. 다만 성탄절 아침에 크리스마스트리 아래 선물이 쌓여 있듯이, 아침에 베개를 들추면 동전 하나가 다소곳이 놓여 있다.

이런 풍습을 알았을 때 아내에게 "한국에서는 빠진 이를 지붕 위로 던지면서 '까치야 헌 이 줄게, 새 이 다오'를 외친다."라고 말해줬다. 한국에서는 까치가 길조의 상징이고, 지붕 위로 이를 던지는 건 새를 떠올리게 하니까 말이 되는 거 같았다. 그런데 프랑스에서는 왜 생쥐가 등장할까 궁금해졌다.

'이빨요정'('이의 요정'이라고 부르는 게 더 정확하지만 어감상 이렇게 쓴다)으로 불리는 유치의 정령은 여러 나라에서 전해지는 풍습이다. 프랑스를 비롯한 불어권과 스페인어권 나라에서는 생쥐가, 영어권 나라에서는 요정이 그 역할을 하고 있다. 이탈리아에서는 두 가지 모두 통용된다고 한다.

다른 나라는 알 수 없으나, 적어도 프랑스에서는 그 기원을 찾아볼 수 있다. 아이들의 빠진 이를 가져가고 동전을 주는 생쥐는 17세기에 지어진 동화 《착한 꼬마 생쥐》가 출처였다. 다만 원전과 현재까지 내려오는 관습은 좀 차이가 크다. 마담 드 올누아Madame d'Aulnoy라는 귀족 여류작가가 쓴 이 동화에는 왕비를 돕는 요정이 등장한다. 못된 왕에게 구박받는 왕비를 구하기 위해 요정은 생쥐로 변신한다. 동화 속에서 이가 등장하는 부분은 딱 한 군데뿐이다.

"왕은 불쌍한 왕비를 숲속으로 데려가 나무 위에 올라간 뒤 목을 매달려고 했다. 요정은 투명하게 변신해 보이지 않게 다가가 왕을 세게 밀었고, 나무 위에서 떨어진 왕은 이가 네 개나 부러졌다. 어수선한 사이에 요정은 하늘을 나는 마차에 왕비를 태우고 아름다운 성으로 데려갔다."(《착한 꼬마 생쥐》에서 발췌)

이야기의 말미에는 요정이 나쁜 왕을 혼내주기 위해 생쥐로 변신해 침대에 있던 왕의 귀를 물어뜯는 장면도 나온다. 영어권 나라에서 통용되는 '이빨요정'의 출처도 프랑스의 17세기 동화일지 모른다는 생각이 들었다. 생쥐와 이, 요정 등 동화에 등장하는 소재가 중요하지 이야기의 줄거리는 어차피 현재의 풍습과 아무런 상관이 없으니 말이다.

생쥐의 기원 따위는 알 리가 없고 관심도 없는 셋째는 오늘도 흔들리는 이를 혀로 밀면서 두려움과 기대를 동시에 느낄 것이다. 이가 빠지는 두려움과 동전을 얻는 기대. 어른들이 동전을 준다는 것은 아이가 돈에 대한 개념을 어렴풋하게나마 알게 된다는 걸 전제하는데 이 점이 시사하는 바가 크다. 셋째는 곧 만 일곱 살이 된다.

프랑스에서는 만 일곱 살 생일을 조금 특별하게 취급한다. 이성의 나이l'âge de raison가 되는 기준이기 때문이다. 정신분석학적 관점에서는 그즈음 오이디푸스 콤플렉스가 끝나는 것으로 본다. 자신이 엄마나 아빠와 결혼할 수 없다는 사실을 깨닫게 되면서 부모를 더 이상 질투의 대상으로 보지 않는다는 것이다. 스스로에게 집중했던 관심을 외부로 돌려 바깥 일들에 호기심을 갖는 나이이기도 하다. 동시에 자신의 행동을 의식할 수 있게 되고, 좋은 것과 나쁜 것 또는 공정과 불공정, 정의의 개념을 알게 된다. 간단하게 말하자면, 아기에서 어린이로 변화하는 것으로 이해할 수 있다. "이성의 나이는 부모의 맴매 없이도 이성적으로 행동할 수 있는 나이"라고 표현하기도 한다.

이 시기 아이들에게서 볼 수 있는 가장 눈에 띄는 언어적 특징 중 하나는 바로 '왜?'라는 질문이다. 넘치는 지적 호기심을 충족하기 위해서는 주변 누군가에게 묻지 않을 수 없다. '도대체 왜?' 형과 누나는 놀고 있는데 나는 잠자리에 들어야 하는지, '도대체 왜?' 형과 누나는 영화를 보는데 나는 볼 수 없는지, '도대체 왜?' 형과

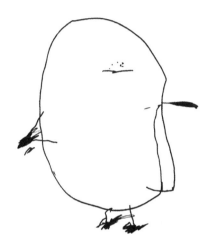

권리가 생기면 의무도 따르게 마련이다.
이성의 나이가 중요한 건 사실 이 대목이다.
우리 역할은 아이들이 자신의 행동에 책임이 따른다는 걸
상기시키는 데 있다.⋯⋯이 모든 과정은 결국 하나의 목적지를
향해 간다. 독립적인 어른으로 클 준비가 되고 있는가이다.

누나는 용돈을 받는데 나는 받을 수 없는지 등 궁금한 것투성이다. 그냥 궁금한 데서 그치는 게 아니라 심지어는 불공정하다고 느낄 수도 있다.

우리 집의 둘째와 셋째는 유독 다툼이 잦았는데 아마도 셋째 가 이성의 나이로 가는 과정이어서 생긴 해프닝일지도 모르겠다. 지난 봄 코로나 바이러스로 봉쇄령이 내려졌을 때 두 달 동안 집에 갇혀 지내면서 둘째와 셋째는 하루가 멀다 하고 싸우기와 화해하기를 반복했다. 세상에 둘도 없이 친한 사이이자 가장 살벌한 라이 벌이었던 셈이다. 세 살 아래인 셋째는 비교적 외향적이고 둘째는 내성적이어서 성격차로 부딪히는 것이라고 단순하게 넘겼는데, 셋째의 뇌에서 벌어지는 변화가 유발한 현상이었다고 보는 게 더 합리적일 수도 있다. 형의 장난감은 자기 것보다 더 멋있어 보이 고, 형이 그린 그림은 더 예쁘게 보였을 테니 말이다.

셋째가 전에 비해 학교 친구 이야기를 더 자주하는 것도 시기 적 특징의 한 부분인 것 같다. 브누아는 축구를 잘한다거나 티보네 집에는 레고가 많다는 식으로 외부 세계와의 비교를 이어간다. 집 에서 보는 것이 세계의 전부가 아니라는 사실을 깨닫는 중이다.

《이성의 나이: 잔인한 단계, 6~11세 아이들》이라는 책을 쓴 아동심리학자 질-마리 발레Gilles-Marie Valet는 "이런 질문들을 지지 해주고, 주변 세계와의 차이가 다양한 라이프스타일이나 철학, 신념의 일부라는 점을 확인해주는 것이 매우 중요하다.”고 말했다.
올해 셋째가 초등학교 1학년이 됐다는 건 상징적이다. 지적 호기
심이 많아지는 이성의 나이가 초등학교 입학 시점과 비슷하다는
사실은 결코 우연이 아니다. 가톨릭에서는 선과 악을 구분할 수 있
는 만 일곱 살을 전후해 고해성사를 할 수 있게 한다.

생각해보면 둘째가 이성의 나이를 지날 때도 유의미한 변화
가 있었다. 온순하기만 하던 둘째가 야생 늑대 같은 모습을 보인
건 세 살 아래인 셋째가 태어난 뒤였다. 퇴행이라고들 쉽게 말하는
데, 그렇게 강렬한 것인지 겪어보기 전에는 예상할 수 없었다. 아
주 사소한 일로 시작해 생떼를 부리기 시작하면 제어 불가능한 상
태로 한 시간 넘게 울부짖기도 했다. 매를 들기도 하고, 껴안아주
기도 하고, 밖으로 내쫓아 보기도 하고, 달래 보기도 하고, 벌을 주
기도 해봤지만 소용이 없었다. 결국은 시간이 해결해주었다.

둘째에게서 늑대의 모습이 사라진 게 바로 이성의 나이 즈음
이었다. 그러니까 세 살에서 일곱 살까지, 약 4년 정도 퇴행 현상
을 겪은 것이다. 둘째의 그러한 행동이 셋째와 연관 있다는 걸 확
신하는 이유가 있다.

예를 들어 둘째가 그린 가족 그림에서 아주 오랫동안 셋째는
등장하지 않았다. 엄마, 아빠, 첫째, 그리고 본인 이렇게 넷만 그렸

다. 대여섯 살이 됐을 때야 눈에 띌 둥 말 둥 조그만 크기의 아기를 그려놓고, 그걸 셋째라고 우겼다.

이성의 나이를 지나고 있는 셋째는 점점 어린이 대접을 받을 것이다. 형, 누나와 함께 유아용이 아닌 장편 만화영화를 보고, 형이나 누나처럼 책을 읽을 수도 있다. 1년 정도만 더 기다리면 꿈에도 그리던 스카우트 활동까지 할 수 있게 된다. 셋째는 첫째와 둘째가 스카우트 모임 때 지니고 가는 어린이용 스위스 나이프나 등산용 신발이 갖고 싶다고 아주 오래전부터 노래를 불러왔다. 조만간 손목시계도 갖게 될 것이고, 한층 조립하기 복잡한 레고도 선물받을 것이다. 진짜 어린이가 된 것 같은 느낌을 받으며 어깨를 으쓱댈 것이다.

그러나 셋째가 잊지 말아야 할 것은, 이렇게 달라진 대접이 공짜가 아니라는 사실이다. 권리가 생기면 의무도 따르게 마련이다. 이성의 나이가 중요한 건 사실 이 대목이다. 우리 역할은 아이들이 자신의 행동에 책임이 따른다는 걸 상기시키는 데 있다. 밥을 먹고 난 뒤 식기는 스스로 세척기에 넣어야 하고, 방청소도 알아서 해야 하며, 지저분한 옷을 아무렇게나 방에 둬선 안 된다. 셋째가 의무를 다하지 않으면 우리는 '너 이성의 나이인데 이런 것도 안 하면 안 되지'라고 요구할 수 있는 것이다. 이 모든 과정은 결국 하나의 목적지를 향해 간다. 독립적인 어른으로 클 준비가 되고 있는가이다.

　그런데 프랑스에서 이성의 나이를 지칭하는 건 일곱 살이 전부가 아니었다. 인생을 한 사이클로 봤을 때 40대를 이성의 나이로 부르기도 한다. 본능의 나이(20대)와 반항의 나이(30대)를 거쳐 이성의 나이(40대)에 이른 뒤, 지혜의 나이(50대)로 접어든다는 것이다. 마치 한국에서 40대를 불혹이라고 하는 것과도 비슷하다. 50년 넘는 전통의 저명한 심리학 전문지 〈프지콜로지〉의 인터넷 사이트에는 '이성의 나이 40대'에 대해 이렇게 설명하고 있다.

　"비판적이고 분석적이며, 감정보다는 추론, 충동보다는 성찰을 선호한다. 타인과는 진정성을 바탕으로 관계를 심화하고 강한 유대를 유지하려는 경향을 보인다. 어린 시절의 부주의와 청소년기의 열정을 경험한 당신은 이제 자신의 행동이 같은 방향으로 작용하기를 원한다. 변덕이나 망설임과는 작별하고 먼 미래를 내다본다. 예컨대 당신은 자신만의 정원을 발견했고, 체계적으로 경작하기 위해 지식을 활용한다."

　40대 후반을 향해가고 있는 나는 과연 더 이상 망설이거나 변덕을 부리지 않고 나만의 정원을 발견했는지, 자문해본다.

가족이 이런 거였어

2

모든 가족에게는 작고 하찮은
볼트 같은 사람들이 있게 마련이다.
하지만 그들이 없다면 삶도, 사랑도, 웃음도, 축제도,
다른 가족들을 비춰주는 빛도 없을 것이다.
-카트린 팡콜(Katherine Pancol),
《악어의 노란 눈물 *Les Yeux jaunes des crocodiles*》

이제 넌 우리 가족이다
프랑스에서 대가족 일원으로 살아가기

나와 아내가 파리에서 신혼살림을 차린 2009년 2월, 아내의 가족 모임이 있었다. 한국에서는 결혼식을 했지만, 프랑스에서는 아직 식을 올리지 않은 때였다. 당연히 아내의 가족을 다 만나보지 못한 상태였다. 그도 그럴 것이 아내가 말하는 가족의 숫자는 상상을 초월했다. 아내의 형제자매라곤 여동생 하나밖에 없어서 내가 생각하는 '아내의 가족'은 엄마, 아빠, 여동생, 아내 이렇게 넷이었지만 아내 기준에서 가족은 그게 아니었다.

아내의 아빠는 9남매 중 다섯 번째, 엄마는 6남매 중 세 번째다. 아내의 사촌과 그 자녀들까지만 포함해도 가족은 100명에 가까워진다. 갑자기 아득해졌다. 친하게 지내던 한국인 후배가 농담을 던졌다.

"내가 아는 한국사람 중에 형이 프랑스 사람을 가장 많이 아는 것 같아요."

그냥 아는 프랑스 사람이 아니라 가족이 그 정도이니 나도 딱히 아니라는 말은 하지 않았다.

그날은 장인의 엄마, 즉 아내의 친할머니 구순을 축하하는 날이었다. 마데트는 그 후로도 8년을 더 살다가 98세의 나이로 세상을 떠났다. 엄마를 뜻하는 접두사 ma에, 할머니의 이름 베르나데트Bernadette에서 떼어낸 dette를 더한 마데트madette는 할머니의 애칭이다. 프랑스인들은 할머니와 할아버지가 되면, 즉 첫 손주를 맞이하면 애칭을 정한다. 그냥 할머니mamie와 할아버지papi를 뜻하는 마미와 파피로 부르는 사람들도 있지만 대부분은 따로 정하는 게 일반적이다.

우리 가족을 예로 들면, 장녀의 큰딸인 우리 첫째가 태어나면서 장모와 장인이 처음으로 할머니, 할아버지가 됐다. 그래서 장모는 암매amee, 장인은 빠요payo라는 애칭을 정했다. 우리 아이 넷은 물론이고 처제의 아이들도 장인, 장모를 부를 때 빠요와 암매라는, 우리 가족에게만 통용되는 새 이름을 사용한다.

우리가 마데트의 구순잔치가 열리는 파리 시내 한 성당의 다목적실에 들어갔을 때 이미 많은 사람이 도착해 있었다. 그 가운데 가족모임에 처음 등장하는 나와 아내의 사촌오빠 약혼녀인 클레르를 위해 준비한 것이 있었다. 누가 누군지 알 수 있도록 각자의 가슴에 모두 이름표를 붙인 것이다. 입구 쪽 벽에는 아홉 가족의 리스트와 마데트를 시작점으로 한 가계도가 그려져 있었다. 이름과 얼굴을 확인한 뒤 그가 누구의 딸 또는 아들인지를 알기 위해 가족 리스트와 가계도를 참고하면 되는 것이다.

마데트의 자녀는 9명이고, 그들의 자녀는 28명이었다. 그리고 그 아래 세대 역시 10여 명이다. 피를 나눈 가족이다 보니 다들 비슷하게 생긴 데다 이름마저 헷갈리는 60명 남짓 대가족 속에서 그날 나는 약간의 현기증을 느꼈다. '난 누군가 또 여긴 어딘가' 같은 노랫말이 머릿속을 돌아다녔다.

그런 내 사정을 아는지 모르는지 이 사람 저 사람 모두 나를 반갑게 맞아주었다. 장인의 바로 아래 여동생인 샹탈 고모는 스페인 사람과 결혼했는데, 마드리드 토박이 코케 고모부가 특히 반갑게 다가와 어깨동무하며 말했다.

"오랫동안 이 집안에서 외국인이라고는 나 혼자였는데, 네가 우리 가족이 돼 너무 반갑다. 환영해."

어리둥절했다. 결혼을 통해 새로운 가족이 되는 건 장인과 장모, 아내와 여동생이 구성원인 그 가족이 아니었던가. 프랑스인들의 가족 범위는 우리와 너무나 달랐다. 마데트의 구순잔치에 초대

된 사람들을 가족이라고 본다면 아내의 사촌과 그 자녀들까지 왔으니까 5촌 조카까지 가족으로 묶을 수 있다. 그날 정도의 가족행사는 적어도 1년에 한 차례(성탄절), 많으면 두 차례(성탄절과 휴가철) 열렸다.

장모 쪽 가족을 다 만난 건 그해 성탄절 가족행사였다. 장인 쪽 가족 모임이 다소 절제된 분위기였다면, 장모 쪽은 그와는 많이 달랐다. 아마도 나이대가 달라서일지 모르겠다. 장모 쪽 형제자매의 연령층은 대부분 1950년대에서 60년대 후반 태생이고, 장인 쪽은 1940년대 중반에서 50년대 후반까지로 10년 정도의 터울이 있다. 확실히 장모 쪽 삼촌 이모들은 68혁명의 세례를 받은 느낌이 역력했다.

상대를 부르는 호칭에서도 바로 알 수 있다. 장인 쪽 가족들은 아내를 비롯한 사촌들이 윗사람을 부를 때 이름 앞에 삼촌oncle, 고모 또는 이모tante라는 단어를 꼭 붙인다. 예를 들어 샹탈 고모를 부른다면, 'Tante Chantal'이라고 하는 것이다. 격식을 차리는 이런 방식의 호칭이 장모 쪽 가족에서는 전혀 사용되지 않는다. 그들은 친구들 사이에서 하는 것처럼 그냥 이름을 부른다. 심지어 존대어법인 vous(당신)를 사용하는 것도 별로 안 좋아한다.

한국 사람인 나로서는 나이 많은 사람에게 tu(너)라는 2인칭

대명사를 쓰는 게 쉽지 않았다. 그래서 대체로 윗사람에게 vous를 사용하는 장인 쪽 분위기가 더 편했다. 5~6년 지난 후에야 어렵게 외삼촌과 이모들에게 tu라고 말을 놓았는데, 그런 뒤에도 vous를 썼다가 tu를 썼다가 오락가락했다. 어쩌다 vous를 사용하면 68세대 삼촌 이모들이 잊지 않고 "tu 쓰라니까."라고 지적을 하곤 했다.

마데트의 구순잔치에서 코케 고모부가 나를 격하게 환영했던 것처럼 장모 쪽 가족에서도 비슷한 경험을 했다. 이번에는 당시 고3쯤 됐던 아내의 사촌동생 노에미의 환영이었다. 노에미는 통통 튀는 느낌으로 다가와 코케 고모부가 그랬던 것처럼 어깨동무를 하며 즐거워했다.

"이제 넌 우리 가족이다."

코케 고모부보다 약간 더 격렬한 반응이었다. 마치 '내게 한국인 가족이 생기다니 뭔가 있어 보이는데? 와우!'라고 환호성을 내지르는 것 같았다. 사촌언니의 외국인 남편을 자신의 가족이라며 그렇게 좋아하는 모습이 낯설었지만 기분 나쁜 일은 아니었다. 장모 쪽 가족들은 이렇게 격식을 차리지 않고 언제나 자유분방한 분위기다.

장인과 장모 쪽 가족을 이리저리 살펴보며 비교하는 것도 재미있다. 프랑스 가족의 전형 중 매우 다른 두 사례를 동시에 겪는 것이기 때문이다. 아내는 이쪽이든 저쪽이든 언제나 대가족을 동경해왔다. 친척들은 형제가 여럿인 경우가 많았지만 정작 본인은 동생 하나뿐이어서 더욱 그랬을 것이다.

아내가 나를 배우자로 선택한 결정적 순간에 대해 말한 적이 있다. 아내와 사귀던 중에 아버지의 칠순잔치가 있었다. 나는 가족끼리 식사를 하는 조촐한 자리에 아내를 데리고 갔다. 프랑스 여자 사람 친구에게 한국의 칠순잔치 문화를 보여주고 싶어 함께 왔다고 둘러댔다. 눈치 빠른 형과 누나들은 우리가 그렇고 그런 사이인 줄 이미 감을 잡았다고 나중에 얘기했다.

그 잔치에서 내 부모와 형제자매, 그리고 조카들을 보며 아내는 프랑스에 있는 가족들을 떠올렸다고 한다. 물론 문화적으로 많이 다르지만 꼭 집어 말하기 어려운, 대가족의 일원으로 느끼는 동질감을 느꼈다는 것이다. 이런 환경에서 자란 사람이라면 나와도 크게 다르지 않겠다는 생각을 했다고 한다. 아내의 그런 판단이 어느 정도 타당한 것이, 전혀 다른 문화인 프랑스 대가족 속에서 내가 딱히 불편을 겪지 않는 데서도 드러난다.

프랑스인들이 가족 간의 끈끈한 유대를 이어가는 것은 휴가 문화와도 관련이 있어 보인다. 한국에서는 가족을 보는 날이 대표적으로 설과 추석 양대 명절이다. 우리는 길어야 하루이틀 만나 이야기 나누고, 밥 몇 끼 먹고는 다음 명절을 기약하며 헤어진다. 그

가족의 개념이 무슨 상관이랴.

여기가 됐든, 저기가 됐든 가족이라 함은 내게 힘이 되는 존재인데

그런 버팀목이 많을수록 세상은 더 살만한 것 아닌가.

런데 프랑스에서는 긴 휴가 덕에 가족끼리의 만남이 훨씬 잦고 길다. 가족의 중심인 할아버지나 할머니가 살아 있는 동안은 더욱 그렇다.

예를 들어 마데트가 살아계셨을 때는, 본인이 여름에 2주 정도 지낼 바닷가 인근 펜션을 빌리고 온 가족에게 6~7개월 전에 통지했다. 시간이 되는 가족들은 휴가 기간 중에 그곳에 가서 마데트에게 인사하고 다른 가족들과 함께 지내게 된다. 하루만 있다 가는 사람도 있고, 일주일 정도 지내는 사람도 있다. 여기서 가족들이란 주로 삼촌과 사촌 등을 말한다. 거기서는 아내의 큰아버지나 작은아버지, 고모 또는 사촌들을 만날 수 있다.

늦은 아침을 함께 먹고, 주변 산책을 갔다가 점심 당번이 음식을 준비하면 다 같이 식사를 한 후 커피를 마시면서 보드게임을 하거나 오전과는 다른 방향으로 또 산책을 나간다. 저녁을 먹은 다음에는 거실에 모여 노래를 부르거나 이야기를 나누는 일상의 반복이다. 그렇게 며칠 지내다 보면 서로에 대해 더 잘 알게 되는 게 당연하다. 나와는 피 한 방울 섞이지 않은 아내의 삼촌과 사촌들이지만, 어쩐지 진짜 가족이 된 듯한 느낌을 받는다.

심지어 사돈과 가족의 정을 느끼기도 한다. 독일에 사는 처제는 시부모와 같은 집에 살아서 우리가 독일에 갈 때마다 동서의 부모와도 함께 지낸다. 동서의 부모가 보르도 인근으로 휴가를 와서 함께 시간을 보내기도 했다. 여러 날을 같은 공간에서 지내다 보면 확실히 식구가 된 것 같은 기분이 든다. 이쯤 되면 '사돈에 팔촌'이라는 한국식 표현이 떠오를 법하다. 옛날엔 한국에서도 사돈에 팔촌까지 가족으로 쳤나 하는 생각도 든다.

고모는 한 명뿐이지만, 외삼촌과 이모들이 많아서 나도 사촌이 꽤 많은 편이다. 어렸을 때는 제법 사촌들과 잘 어울렸다. 앨범을 뒤져보면 함께 여행을 가기도 했고, 가족모임에서도 자주 봤다. 그런데 어른이 된 후에는 관계가 이어지지 않았다. 곰곰이 생각해 보니 웃어른의 장례식이 기점이 된 듯하다. 엄마 쪽 사촌들은 외할아버지가 돌아가신 뒤로, 아빠 쪽 사촌들은 할아버지가 돌아가신 뒤로 관계가 뜸해진 것 같다.

프랑스인들도 이런 점을 잘 아는 듯, 장인어른을 포함한 마데트의 9남매는 마데트가 돌아가신 뒤로도 비정기적이나마 대규모 가족모임을 최소한 1년에 한 번은 이어오고 있다. 이런 식의 가족모임은 프랑스인들에게 일반적인 것으로 cousinade라는 신조어가 만들어지기도 했다. 사촌이라는 뜻의 cousin에 집합적 의미의 접미사 -ade를 붙인 '쿠지나드'는 프랑스인들의 가족에 대한 애착을 보여주는 상징적인 단어이자 행위라고 볼 수 있다.

스마트폰 시대가 되면서 오프라인 쿠지나드에 더해 채팅앱상의 쿠지나드가 프랑스인들의 새로운 풍속도가 되고 있다. 같은 세대의 사촌들이 채팅방을 만들어 근황을 전하며 축하와 덕담을 주고받는다. 아이를 낳으면 사진을 올려 첫 선을 보이기도 하고, 지난 코로나 사태에는 바이러스에 감염돼 심각한 상태까지 갔던 앙리 고모부의 상황을 사촌들에게 전하는 통로로 쓰기도 했다.

한국인인 내게 가족은 내 부모와 형제자매로 구성된 것 하나, 그리고 아내와 우리 부부 사이에서 나온 아이들과 이루고 있는 것 하나, 이렇게 둘이 전부다. 그런데 프랑스인들의 대가족 속에 10년 넘게 살면서 그 개념이 좀 모호해졌다. 가족의 개념이 무슨 상관이랴. 여기가 됐든, 저기가 됐든 가족이라 함은 내게 힘이 되는 존재인데 그런 버팀목이 많을수록 세상은 더 살만한 것 아닌가.

딸아, 미안하고 고맙다
프랑스인들의 흔한 대부대모 사용법

아이의 첫 생일을 딱히 기념하지 않는 프랑스에서 돌잔치를 대체하는 행사가 세례식이다. 세례는 종교행사인데 엄연히 정교가 분리된 공화국에서 교회에 가지 않는 사람은 어떻게 하느냐는 의문이 생길 법하다. 프랑스에서 일요일마다 미사에 참여하는 사람의 비율은 7퍼센트에 불과하지만, 자신이 가톨릭 신자라고 답하는 사람은 50퍼센트를 넘나든다. 보통의 일요일에는 텅텅 비는 성당이 부활과 성탄에 미어터지는 건 그 43퍼센트의 프랑스인들이 연중행사처럼 성당을 찾기 때문이다.

평상시 성당에 가지 않더라도 아이들은 세례를 받도록 하는 경우가 많다. 이때의 세례식은 종교적 의미라기보다는 전통을 따르는 행위로 보는 게 합리적이다. 가톨릭교회에서는 스스로 신자라고 여기지만 성당에는 오지 않고, 결혼식이나 세례는 원하는 수많은 '나이롱' 신자들의 발길을 성당으로 돌리기 위해 많은 노력을 기울인다.

예를 들어, 성당에서 결혼식을 하고 싶은 커플은 짧게는 6개월에서 길게는 1년이 넘는 준비과정을 거쳐야 한다. 기혼 커플과 성당 사제가 이러한 준비를 유도한다. 예비 커플들은 이 과정에서 '왜 우리는 성당에서 결혼을 하고자 하는가?'에 대한 개념을 정리하고 그 의미를 되새기는 기회를 갖는다. 그 이후에야 어떤 사제에게 주례를 부탁할 것인지, 며칠을 D데이로 정할 것인지 등 구체적인 행사 준비를 할 수 있다. 성당 결혼식은 접수창구에 가서 돈을 내고 예약할 수 있는 게 아니라는 거다.

세례도 비슷하다. 아이를 세례 받게 하려는 신자 또는 '무늬만' 신자들과 수차례 만남을 통해 적어도 '왜 아이에게 세례를 주려 하는가?'에 대한 물음 정도는 던지는 것이다. 물론 이렇게 한다고 해서 일요일 미사에 오지 않는 사람들의 태도가 달라지는 것 같지는 않다. 7퍼센트라는 수치는 오래전부터 그대로거나 해가 갈수록 낮아지고 있기 때문이다.

성탄이나 부활에도 성당에 가지 않는 사람이 아이에게 세례를 주고 싶을 때는 시청에 문의하면 된다. 농담이 아니라 프랑스에서는 시청에서 세례식을 올릴 수 있다. 전통을 따르고 싶은 마음에 아이에게 세례는 주고 싶은데, 성당에는 죽어도 가기 싫은 사람들을 위해 마련된 제도일 것이다. 성당에서 주는 세례가 세상의 법에는 아무런 영향력이 없는 것처럼 시청에서의 세례 역시 교회에서는 아무런 효력도 발휘하지 못한다. 물론 세상의 법으로도 특별한 효과는 없다.

시청에서 중요하게 다루는 것은 출생신고뿐이다. 정치와 종교가 분리되기 전 프랑스에서는 출생신고와 결혼, 사망신고 등 호적관리를 교회가 담당했다. 프랑스인들이 성당에서 세례와 결혼을 하고자 하는 건 그 자취가 지금까지도 남아 있음을 보여주는 사례다. 세례와 결혼식 외에 시골마을 성당 주변에 공동묘지가 딸려 있는 모습 역시 죽음과 장례를 교회가 떠맡았던 흔적이다. 아이에게 세례를 주는 광경보다 더 흔하게 볼 수 있는 건 교회에 나오지 않던 사람이 부모의 장례를 교회에서 치르는 일이다.

시청에서 거행되는 세례가 재미있는 것은 '세속적 세례'라는 단어 자체의 이율배반적 성격 때문이다. 종교적 의식인 세례식을 비종교적으로 치른다는 건, '술은 마셨지만 음주운전은 아니다'라는 말에 버금갈 정도로 말이 안 된다. 아무튼 전자정부 사이트에서도 세속적 세례 또는 공화국의 세례라며 절차와 의미를 소개하고 있다.

하지만 심각하게 따지고 들 것 없이, 온 가족이 모여 새로운 생명을 축복하는 잔치 정도로 이해하면 될 것이다. 이런 세리머니가 있어야 가족 친지 친구들을 한자리에 불러 성대한 식사를 할 것 아닌가. 사람들을 초대해 함께 노는 것을 유난히 즐기는 프랑스인들에게 가족행사를 열 수 있는 좋은 구실을 제공하는 것이니 '그것으로 된 것'일 수도 있다.

프랑스의 세속적 세례가 교회 제도를 가져온 부분은 또 있다. 바로 대부代父, 대모代母의 존재다. 한국 가톨릭에서는 남자는 대부만, 여자는 대모만 정하는 게 일반적이다. 보통은 세례 받을 아이의 부모가 아이의 신앙생활에 도움이 될 수 있을 만한 사람에게 부탁을 한다. 그렇다 보니 유아세례를 받은 사람은 대부 또는 대모와의 관계가 지속될 확률이 크지 않다.

내가 바로 그런 사례인데, 나는 대부가 누구인지 모를 뿐 아니라 얼굴을 본 적도 없다. 내가 태어나던 당시 아버지와 친한 성당 아저씨를 대부로 세웠는데 이후 연락이 끊겼다고 한다. 나로선 대부 찾아 삼만 리를 떠날 수도 없는 노릇이고, 그저 '누군가 나를 위해 기도를 해주겠지' 상상만 할 따름이다.

반면에 프랑스인들에게는 대부대모가 꽤 큰 역할을 한다. 주로 가족들 중에서 누군가를 세우는데 우리 가족을 예로 들면, 첫째의 대부는 아내의 사촌동생이고, 대모는 내 둘째누나다. 둘째의 대부는 내 형이고, 대모는 아내의 동생이다. 셋째는 아내의 또 다른 사촌동생이 대부이고, 대모는 여자 사촌동생이다. 그리고 넷째는 대부가 동서이고, 대모는 내 셋째누나다.

아내는 대부가 둘째 외삼촌인데, 그 외삼촌 딸의 대모가 아내이고, 우리 셋째아이의 대모는 그 외삼촌 딸이다. 꼬리에 꼬리를 무는 대부 대자 관계로 가족들의 관계는 더욱 끈끈해진다. 아내는 세 명의 외삼촌과 다섯 명의 삼촌 중에서 둘째 외삼촌을 가장 각별하게 생각한다. 그 외삼촌 역시 대녀의 남편이라며 먼 나라에서 온 나를 오랫동안 유심히 지켜보았다.

그러다가 아이가 셋, 넷으로 늘어나는 걸 보면서 나를 더욱 신뢰하는 게 느껴졌다. 다른 삼촌들이 그저 반갑게 맞아주었던 것과 비교하면 약간 독특한 반응이었는데, 나중에 그가 대녀인 아내를 남다르게 생각한다는 걸 알게 되자 모든 게 이해가 됐다. 한국 아버지들이 사윗감을 실눈 뜨고 훑어보는 것과 비슷한 이치랄까.

프랑스인들이 생각하는 대부대모는 종교적 의미를 뛰어넘는다. 주로 가족 중에서 선택하기 때문에 관계가 끊어질 일도 없다. 아이가 성장하는 과정을 지켜보며 늘 응원을 아끼지 않는다. 가족 중 다른 아이들보다 조금 더 특별한 사랑을 줘도 '왜 쟤만 편애하지?'라는 눈총을 받지 않아도 되는 사이인 것이다.

아주 친한 친구를 아이의 대부대모로 선택하기도 한다. 아내역시 대학시절 절친의 큰딸 대모다. 멀리 있어서 자주는 못 만나지만 생일이나 성탄이면 작은 것이라도 마음을 담아 선물을 보내주는방식으로 꼭 챙긴다. 대녀는 정성스럽게 쓴 손글씨 엽서로 종종 대모의 안부를 묻는다. 물론 아내는 아이가 넷인 그 절친의 다른 아이들에게는 따로 엽서나 선물을 보내지 않는다.

우리 아이들은 한국과 프랑스 피가 절반씩 흐르는 만큼 대부대모도 각 나라에서 한 명씩 정해주었다. 그렇다 보니 대부대모의 완전체를 보는 일은 거의 불가능에 가깝다. 프랑스 아이들이라면 대부대모가 꼭 참석하는 세례식, 첫영성체, 신앙고백, 견진성사 등 종교행사에도 한국 가족들은 오기 어렵기 때문이다.

최근 첫째아이가 견진성사를 1~2년 앞두고 중학생 초반에 하는 신앙고백을 가졌다. 동급생 30여 명이 동시에 했는데 꽤 큰 대성당이 꽉 찰 정도로 많은 사람이 모였다. 각지에서 대부대모와 친척들이 축하하러 왔기 때문이다.

그중에 우리 첫째를 축하해주려고 온 사람은 하나도 없었다. 대부는 제네바에 살고, 대모는 서울에 살고, 친할머니 할아버지는 구례에 살고, 보르도에 사는 외할머니 할아버지는 움직일 수 없는 사정이고, 독일에 사는 이모는 만삭이었다.

좀 성대한 행사라고는 하지만 특별미사 한 차례와 다같이 모여 식사하는 게 전부인데, 이것을 핑계로 한국에 있는 대모를 부를 수는 없지 않은가. 나중에 아이들이 커서 결혼식을 하는 날 정도면 대부대모의 상견례가 극적으로 이뤄질 수도 있겠다.

다행인 건 진짠지 속마음을 감춘 건지는 모르지만 첫째가 싫은 티를 내지 않았다는 점이다. 다른 아이들처럼 왁자지껄하게 축하해주지 못해 미안했는데, 그런 현실을 쿨하게 이해해주는 첫째가 너무 고마웠다.

부모가 아닌데 자신을 끔찍하게 아껴주는 후원자가 있다는 건 아이들에게 큰 힘이 되는 일이다. 아마도 세속적 세례라는 조금은 기이한 제도의 백미는 세례식 자체가 아니라 대부대모가 아닐까 넘겨 짚어본다. 그러니까 세례라는 걸 너무 하고 싶어서 세속적 세례를 한다기보다는, 아이에게 대부와 대모라는 인생 선물을 안겨주고 싶어서 굳이 예식을 하는 것이라고 말이다. 그리고 기왕 행사를 하는 김에 친지와 친구들을 불러 모아 파티를 열고 아이의 앞날을 축하해주는 것일 테다. 여기서부터는 우리나라 돌잔치와 분위기가 크게 다르지 않다. 물론 돌잡이나 입담 좋은 사회자의 레크리에이션 같은 건 없다.

프랑스인이 세례를 받았고 대부대모가 있다고 해서 그가 꼭 가톨릭 신자일 것이라고 확신하는 건 곤란하다. 다만 그 사람이 대

부대모 이야기를 자주 꺼낸다면, 그들로부터 사랑을 듬뿍 받았다
는 것쯤은 짐작해볼 수 있다.

사물의 영혼은 우리 영혼이기도 하다

오래된 물건을 대하는 프랑스인들의 자세

학기 중 2주짜리든, 학기가 끝나고 시작되는 2개월짜리든 방학이 오면 우리는 거의 자동적으로 처가가 있는 시골 뽕도라로 달려간다. 아내가 어린 시절을 보낸 뽕도라는 포도주로 유명한 프랑스 남서지방 거점도시 보르도에서 남쪽으로 40분 정도 거리의 조그만 마을이다. 주민 수가 400명을 넘지 않는다.

외가에 도착하기가 무섭게 아이들은 어딘가로 사라진다. 각자 좋아하는 장난감이 있는 곳으로 가는 것이다. 넷째를 제외한 세 아이의 관심을 동시에 끄는 것 중 하나는 옷장 깊숙한 곳에 놓인 커다란 양철 박스다. 장인과 장모가 아프리카에 살던 시절 여행용 박스로 사용하던 건데 지금은 그 안에 옷이 잔뜩 들어 있다. 그냥 옷이 아니라 연극할 때 쓸 법한 분장용 옷들이다. 아이들은 박스를 헤집어 이 옷 저 옷 입어보며 시간 가는 줄 모르고 논다.

그런 모습을 바라보며 아내가 한마디 한다. "나도 동생이랑 저렇게 놀았는데." 30년 가까이 된 놀잇감이 대물림되고 있는 것이다. 뽕도라 처가는 이웃한 집도 없이 밀밭 사이에 있어 물리적 위치만으로 여기가 어디지, 싶을 때가 있는데 집안의 내용물을 들여다보면 더더욱 과거를 여행하는 듯한 착각을 할 때가 있다.

브리콜라주를 전문가 수준으로 하는 장인의 작업실 세슈아는 가끔 상상을 초월한다. '말리는 곳'이라는 뜻의 세슈아 séchoir 는 30여 년 전 장인 장모가 이사 오기 전에 살던 사람들이 담배 건조창고로 사용하던 곳이다. 뽕도라 주변은 보르도 와인을 생산하는 포도밭이 많지만, 오래전부터 담배 재배도 많이 하던 곳이다. 그래서 집집마다 검은색 나무로 된 못생긴 건물들이 하나씩 딸려 있다. 건물이 검은색인 이유는 햇볕을 받아 열을 담아두기 위해서다. 지금은 담배밭을 보기가 어려워졌지만 차를 타고 갈 때 스치는 세슈아들이 옛 시절을 상상하게 해준다.

장인의 세슈아는 그 자체로 해당 지역의 이야기를 간직한 건물일 뿐 아니라 그 안을 채우고 있는 것도 추억 덩어리들이다. 다리가 부러진 나무 의자, 나무 장식이 떨어진 철제 의자, 어린 딸들을 위해 손수 만든 침대, 먼지 쌓인 아이용 욕조, 바퀴가 빠진 장난감 자동차. 세슈아에는 종류를 쓰기만 해도 책 한 권을 엮을 수 있을 만큼 많은 물건이 있다. 장인은 매주 추려서 버리는 데도 줄지 않는다고 불평하지만, 내가 저런 것들은 버려도 되지 않느냐고 물으면 고치면 된다는 답이 돌아온다.

라디오를 켜놓고 세슈아 작업대에서 뭔가에 몰두하고 있는 장인을 볼 때면 무라카미 하루키의 우물이 떠오른다. 장인은 오래된 물건들로 둘러싸인 자신만의 세계에서 아득한 침잠을 이어간다. 모르긴 몰라도 봉도라 주변에서 흔히 볼 수 있는 거의 모든 세슈아의 내부 상태는 크게 다르지 않을 것이다. 이 나라 사람들이 물건을 대하는 태도를 떠올려보면 이런 짐작이 근거 없는 게 아니란 걸 알 수 있다.

프랑스인이 오래된 물건을 어떻게 대하는지 제대로 알게 된 것은 첫째가 세상에 나올 즈음이었다. 파리 시내에 살던 우리는 주말이면 동남쪽 외곽에 살던 아내의 외할머니 댁에 다녀오곤 했다. 산처럼 커진 배를 가진 아내와 나는 그날도 외할머니와 점심을 먹었다. 티타임이 끝나고 집으로 돌아오기 전 우리는 아파트 지하실에 있는 창고로 내려갔다. 거기에는 등나무를 엮어 만든 하얀색 요람이 있었다. 복고라는 말이 무색할 정도로 오래된 디자인이었지만 요람을 감싸고 있는 하얀색 천만 깨끗하게 빨아주면 당장 써도 불편할 게 없을 것 같았다.

그 요람은 곧 태어날 우리 아이를 위한 것이었다. 아내는 이 요람이 동네 벼룩시장이나 골동품 가게에서 구한 게 아니라 외할머니의 엄마로부터 받은 선물로, 자신을 포함한 외할머니의 수많은 손주들이 대대로 거쳐온 것이라고 설명했다. 아내 세대의 외할머니 손주인 십수 명의 사촌들이 거쳐왔고, 이제 대를 이어 우리 아이와 같은 세대, 즉 외할머니의 증손주들이 사용하게 된 것이다.

바로 직전에는 노르망디에 살던 아내의 사촌언니가 큰아들을 위해 사용했다. 요람 크기가 작아 어차피 오래 사용할 수는 없어서 우리도 아이가 6개월쯤 됐을 때 새 침대를 마련했다. 아이가 새 침대에 자리를 잡으면, 요람은 다시 할머니의 창고로 되돌아간다. 하얀색 등나무 요람은 그렇게 40년 넘는 세월 동안 아내의 외가와 함께했다. 우리집 아이 넷도 그 안에서 자랐다.

프랑스인들이 물건을 함부로 버리지 않는 것을 보여주는 다른 사례도 있다. 중고물품 사이트의 이례적인 성공 스토리다. 2006년에 시작된 '르봉꾸앙'이라는 사이트는 현재 프랑스의 인터넷 사이트 방문자수 6위를 기록하며 롱런을 이어가고 있다. 한창 잘 나가던 2012년에는 페이스북에 이어 2위를 차지하기도 했다. 당시 3위는 무려, 구글이었다.

오래된 물건들과 함께 살면 좋은 점이 있다. 그 물건을 보고
사용할 때마다 물건과 연관 있는 사람을 떠올리게 된다는 사실이다.
탁자에서 아이들이 그림을 그릴 때나 친구 여럿을 초대해 저녁을 먹을 때
우리는 아내의 할머니를 떠올린다.

프랑스에서 대성공을 해 전 세계 31개국에 진출했지만 프랑스의 경우처럼 독보적 수치를 보여준 곳은 없었다. 프랑스 최고 권위 일간지 〈르몽드〉는 '르봉꾸앙 현상'으로 불리던 당시 사례를 여러 특집기사로 다루기도 했다. 역사학자 로랑스 퐁텐Laurence Fontaine 은 기고문에서 이렇게 분석했다.

"사실 '르봉꾸앙'은 우리가 사물을 보는 방식을 바꾸어놓았다. 즉 우리를 산업화 이전 시대로 보내 물건에 재투자가 가능하게 한 것이다. 사물은 우리의 무언가를 담고 있으며 우리의 이야기를 가지고 있다. 물건을 되파는 것은 본인에게 아무 의미도 없는 사물에 새 생명을 이어갈 수 있게 해주는 행위이고, 우리에게는 다른 새로운 시작을 가능하게 해주는 것이다. 마치 우리의 역사와 기억을 버리지 않게 해주는 어떤 의식과도 같다."

하지만 우리 같은 일반인들에게 '르봉꾸앙'은 가십거리 기사나 사회학에 등장하는 현상이기 이전에 생활이다. 우리는 차를 사거나 가구가 필요할 때, 심지어 집을 구할 때도 가장 먼저 르봉꾸앙 사이트를 찾는다. 서울 생활을 끝내고 블루아에 정착했을 때도 그랬다. 가구라고는 단 한 개도 없는 3층짜리 월셋집을 얻고 우리는 이 넓은 집을 무엇으로 채울까 걱정한 적이 있다. 우리 부부만이 아니라 주변의 누구나, 굳이 새 물건을 사야 할 이유가 없다면 우선 르봉꾸앙에서 알아보는 게 일종의 루틴이다.

그런데 중고물품 사이트보다 더 극단적으로 오래된 물건에 숨을 불어넣어주는 곳이 있다. 웬만한 도시에는 한두 개쯤 있게 마련인 엠마우스센터다. 르봉꾸앙이 중고물품 개인 거래 플랫폼 서비스라면, 엠마우스는 누군가에게 버려진 물건을 되파는 오프라인 매장이다. 빈민의 아버지로 불리는 아베 피에르가 설립한 비영리단체 엠마우스는 물건을 기부받아 되팔고 남은 수익으로 빈민 구제를 한다.

한가한 토요일 오후, 우리 가족은 엠마우스센터에 가서 주로 책이나 장난감, 가구 코너를 이리저리 맴돌며 시간을 보내기도 했다. 진열대가 있는 벼룩시장이랄까? 먼지 쌓인 물건 사이를 거닐며 진주 같은 무언가를 발견하는 재미가 상당하다. 장난감과 책 몇 권, 셋째의 장화까지 건졌는데 10유로도 안 되는 기적을 경험하기도 한다.

프랑스인들은 왜 물건을 쉽게 버리지 못할까. 전에는 그런 모습이 궁상맞다고 생각한 적도 있다. 그러나 무작정 버리는 게 아까워서, 즉 경제적 이유만 있는 것이 아니란 걸 알고는 나도 고개를 끄덕이게 됐다. 아마도 물건 그 너머를 보기 때문일 것이다. 물건과 함께했던 시간, 그리고 수많은 이야기들.

우리집 내부만 둘러봐도 얼마든지 사례를 들 수 있다. 거실 중

앙을 차지하고 있는 원목 탁자는 아내의 친할머니 마데트의 집에서 왔다. 마데트가 돌아가셨을 때, 아파트의 물건들을 아홉 남매가 나눠 가졌는데 아내의 아버지가 탁자를 차지하게 됐다. 장인은 뽕도라로 가져가는 대신 거실이 덩그렇게 비어 있던 우리에게 내려주었다. 마데트가 가고 없는 집에서 자녀들이 나누고 남는 물건들은 엠마우스로 갔다.

양쪽에 보조판을 대서 늘려 붙이면 12명까지도 앉을 수 있는 이 원목 탁자의 스토리는 간단치 않다. 장인의 가족은 1940~50년대 브라질에서 살았는데, 거기서부터 함께하던 탁자이니 70년 가까이 된 물건이다. 저 탁자에서 밥을 먹은 사람이 몇이나 될까. 저 탁자는 그들 사이에 오갔던 얼마나 많은 이야기를 간직하고 있을까. 상상하는 것도 쉽지 않다.

장모가 아내에게 준 재봉틀은 또 어떤가. 장모가 결혼 선물로 받은 그 재봉틀은 장모와 장인을 따라 아프리카로, 뽕도라로 40년 가까이 함께했다. 최신 재봉틀에 비하면 성능이 떨어지지만, 아내는 덜컥거리는 서툰 솜씨로 아이들의 가방도 만들고 인형도 만든다.

침실용 낮은 탁자는 아내의 외할머니에게서 왔다. 외할머니 역시 본인의 엄마가 사용하던 것을 물려받았다고 한다. 외할머니의 엄마도 누군가에게 받은 건 아닌지 모를 일이다. 철제 장식에 유리를 얹은 걸로 봐서 어쩌면 철로 만든 물건이 유행하던 19세기 제품일 수도 있다는 생각이 든다. 귀스타브 에펠이 파리 시내에 철탑을 만들던 그 시절이다.

그런 오래된 물건들과 함께 살면 좋은 점이 있다. 그 물건을 보고 사용할 때마다 물건과 연관 있는 사람을 떠올리게 된다는 사실이다. 탁자에서 아이들이 그림을 그릴 때나 친구 여럿을 초대해 저녁을 먹을 때 우리는 아내의 할머니를 떠올린다. 아내가 재봉틀을 다룰 때면 장모가 떠오르고, 낮은 탁자에 놓인 책을 집어들 때는 아내의 외할머니와 그의 엄마가 생각난다. 물론 나는 외할머니의 엄마는 직접 보지 못했다.

《사물의 영혼》을 쓴 사회학자 프랑수아 비구루^{François Vigouroux}는 "사물의 역사는 언제나 사람의 역사이고 종종 사랑의 역사이다."라고 썼다. 집안 곳곳에서 만나는 유서 깊은 물건들을 볼 때 나는 아이들에게 어떤 것을 물려줄 수 있을까 생각한다. 제사 같은 예식이 있을 리 없는 프랑스에서 사용하던 물건을 아래 세대에게 물려주는 것은 어쩌면 일종의 제례가 아닐까. 날을 정해 기리는 것과 일상에서 기억하는 것이 다른 점일 수는 있다.

"사물은 우리 삶의 일부이고 우리의 감정을, 때로는 더 무의식적인 욕구를 지니고 있다. 우리가 사물과 갖고 있는 관계의 성질이나 중요성, 사물을 접한 횟수 등이 우리의 인간성과 그 풍요로움을 구성한다. 가깝고 또 먼 곳에서 사물은 우리 자신의 일부를 대변하고 다른 사람과의 관계까지도 증언해준다. 사물은 우리 안에 그리고 우리를 통해서만 존재하며, 그들의 영혼이 우리의 영혼이 기도 하다."(《사물의 영혼》)

왜 빨리 해야 하는데?
단호하고 확고한 느림에 대하여

프랑스와 한국, 양쪽에서 살아본 우리 가족에게 사람들은 종종 두 나라의 다른 점을 묻는다. 프랑스 사람들도 그렇고 한국 사람들도 그렇다. 두 나라의 다른 점은 너무 많지만 질문을 듣자마자 입에서 나오는 단어가 있다. 바로 '속도'다. 프랑스에서 산다는 건 한국인에게는 매우 익숙한 '빨리빨리'를 잠시 포기하거나 아예 버려야 하는 일이기도 하다.

관공서에서 겪는 일은 일일이 열거하기도 어려울 정도다. 한번은 소포를 보내기 위해 우체국에 들렀는데 창구에 대여섯 명이 줄을 서 있었다. 한참을 기다린 끝에 내 차례가 되었을 때 내 뒤에는 처음 내가 줄을 섰을 때보다 더 많은 사람이 무표정하게 서 있었다. 소포를 내밀며 한국으로 보낼 거라고 하자, 직원이 국제우편용 송장을 건넸다. 나는 창구에서 왼쪽으로 살짝 비켜섰다. 송장에 주소 등을 쓸 동안 뒷사람을 응대할 수 있을 거라는 생각이었다. 그런데 직원은 옆 사람과 재잘재잘 잡담을 나누며 한마디 던졌다.

"비키지 말고 그냥 그 자리에 서서 차분하게 쓰세요."

관공서만 그런 것도 아니다. 식당에서 서빙하는 직원을 재촉하면 반드시 핀잔이 되돌아온다. 성질이 좀 안 좋은 직원이면 잊지 않고 한마디 한다.

"바쁜 일 있어요?"

바쁘면 샌드위치나 사서 먹지 뭐 하러 식당까지 와서 밥을 먹느냐는 말투다. 식당 직원의 이런 태도에는 재촉에 대한 불편한 감정 말고도 식당은 밥을 먹는 곳만이 아니라 밥을 먹으며 이야기와 시간을 나누는 곳이라는 철학—이라고 부를 수 있다면—이 담겨 있다.

프랑스인들의 이런 철학, 또는 습관을 견디기 어려워하는 한국인이 식당을 운영한다면 진풍경이 벌어지기도 한다. 식사 후에 오랫동안 담소를 나누는 프랑스 손님을 쫓아버리기 위해 갖은 방법을 쓰는 것이다. 가장 흔한 것은 식사가 끝나기 무섭게 식탁을 깨끗이 치워버리는 것인데, 심한 경우는 물과 물컵까지 가져가 버린다. 대개 이런 식당은 관광객처럼 뜨내기손님이 주를 이루는 곳이어서 단골 같은 손님을 챙기지 않아도 매상에 전혀 지장이 없다.

우리가 한국에서 프랑스로 돌아오기로 결정한 뒤 가장 먼저 한 일은 익숙한 서울 생활의 모든 편리함과 작별하기였다. 휴대전화가 잘 터지지 않는다고 집 근처에 증폭기를 달아주고, 오늘 저녁에 주문하면 내일 아침에 물건이 도착하고, 주민등록초본 같은 민원서류를 바로 발급받는 일은 먼 나라 얘기가 될 것이기 때문이었다.

프랑스에서는 몇 년 전까지만 해도 출생증명서 같은 간단한 민원서류 발급조차 최소한 일주일이 걸렸다. 우선 출생증명서는 태어난 곳의 지자체에서만 발급받을 수 있다. 시군구청에 연락을 하면 직접 쓴 편지를 보내라는 안내가 돌아온다. 편지에는 '몇 월 며칠 어디에서 태어난 나는 무슨무슨 용도로 출생증명서가 필요하다'라는 내용이 포함돼야 하고, 서류를 받기 위해 주소를 쓰고 우표를 붙인 새 편지봉투를 동봉해야 한다. 편지를 보내고 일주일 정도 기다리면 출생증명서가 집으로 도착하는데, 규모가 작은 지자체의 경우는 아직도 손으로 적은 원본을 복사해 보낸다.

이런 거추장스러운 절차를 거쳐 받은 종이 한 장을 보고 있노라면, 왠지 모를 감정에 휩싸이면서 19세기로 되돌아간 듯한 느낌을 받기도 한다. 요즘은 세상이 좋아져서 웬만한 지자체는 편지 쓰는 수고를 하지 않아도 된다. 그렇다고 우리나라처럼 곧바로 받을 수 있는 것은 아니다. 해당 지자체 홈페이지에 신청하면 우편으로 오는데, 최소한 사나흘은 걸린다.

　좀 더 극적인 상황에서 프랑스인들의 비효율성 또는 느려 터짐을 경험한 적도 있다. 아내가 첫 아이를 임신했을 때, 출산예정일을 3주 정도 앞두고 진통이 왔다. 새벽 5시쯤 아내는 나를 깨워 양수가 터진 것은 아니지만 뭔가 흐른다고 말했다. 급하게 차를 몰아 산부인과가 있는 아동병원으로 향했다. 응급실에 아내를 내려주고 주차를 한 뒤 쏜살같이 달려갔다. 주차할 곳이 마땅치 않아 최소한 5분은 넘게 걸린 것 같다.

　헐레벌떡 달려갔는데 아내는 여전히 응급실 접수창구에 앉아서 병원 직원의 물음에 답하거나 서류에 뭔가를 쓰고 있었다. 내가 상상한 그림은 적어도 침대에 누워 있는 아내의 모습이었다. 평일 새벽 시간대였지만 창구 안 직원은 아침 11시나 오후 3시에 환자를 맞이하는 것과 같은 냉정함을 유지하고 있었다. '아 여기는 프랑스지'라는 생각을 하면서 이름과 주소, 전화번호, 사회보장 번호 등을 적고 있는 아내를 물끄러미 쳐다보던 기억이 난다.

　이쯤 되면 프랑스인들에게는 느림에 대한 어떤 철학이 있는 건 아닌지 생각이 들 정도다. 그래서인지 《느리게 산다는 것의 의미》를 쓴 작가 피에르 쌍소가 프랑스인이라는 사실이 전혀 어색하지 않다.

　"느림이란 시간을 급하게 다루지 않고, 시간의 재촉에 떠밀려

가지 않겠다는 단호한 결심에서 나오는 것이며, 또한 삶의 길을 가는 동안 나 자신을 잃어버리지 않을 수 있는 능력과 세상을 받아들일 수 있는 능력을 키우겠다는 확고한 의지에서 비롯하는 것이다."

그러니까 느림은 삶의 태도에서 나오는 것이지 어떤 일을 처리하는 데 걸린 시간의 문제가 아니라는 것이다. 이 문장을 읽을 때 가장 먼저 떠오르는 '프랑스 사람'이 하나 있다. '단호'하고도 '확고'하게 느림을 실천하는 사람, 바로 나의 장인어른이다.

어린아이가 있는 가족일수록 여행을 떠날 때 짐의 양이 많아진다는 건 누구나 아는 사실이다. 우리가 파리에 살 때 방학이 되면 늘 시골 처가에 머물곤 했다. 갓난아기와 두 살 터울 큰 애가 있어서 한 번 이동을 할 때마다 짐을 차에 싣는 게 보통 일이 아니었다. 아기용 간이침대와 매트리스, 유모차 등 굵직한 것만 해도 트렁크가 거의 찬다. 옷가지와 기저귀, 장화, 장난감 등도 빠질 수 없다. 파리로 돌아오는 길에는 거기에 포도주나 야채 같은 먹거리들도 가세하게 된다. 평소에 테트리스를 즐기는 나는 조그만 우리 차에 짐을 싣는 걸 좋아했다. 어떻게 해서든 짐을 다 넣고 나면 어려운 과제를 푸는 데서 오는 짜릿함이 있었다.

처가에서 파리까지는 차로 예닐곱 시간이 걸리기 때문에 출발하는 날은 항상 마음이 급했다. 파리 근교에 도착하는 시간대를 잘못 맞추면 길에서 한두 시간을 더 허비하기 때문이다. 그런데 그 날따라 나의 테트리스 실력이 제대로 발휘되지 않았다. 다 넣었다고 생각했는데 큰 가방 하나가 떡 하니 바닥에 남겨져 있었던 것이다. 부피가 작지는 않았지만 잘 구겨넣으면 트렁크 문은 닫을 수 있을 것도 같았다.

"잠깐, 내가 도와줄게."

그 순간 테트리스 앞에서 낑낑대는 나를 보던 장인어른이 정성스럽게 쌓았던 테트리스 조각들을 다 꺼냈다. 마음은 벌써 고속도로를 달리고 있던 나는 애가 탔지만 천천히 다시 테트리스를 시전하는 장인어른을 바라보는 것 외에 달리 할 게 없었다.

결과적으로 짐은 트렁크에 안전하게 실렸고, 기껏 15분 정도 늦게 출발했으니 나나 아내 입장에서 그리 투덜댈 일도 아니었다. 다만 이날의 에피소드는 많은 걸 느끼게 해주었다. 장인은 그런 사람이었다. 절대 서두르지 않는다.

내 도움이 필요한 일이 있을 때 나는 무의식적으로 장인에게 말한다.

"내가 저거 빨리 끝낼게요."

그때마다 장인은 어김없이 되묻는다.

"왜 빨리 해야 하는데? 천천히 해."

그런데 장인의 말이 딱히 틀리지 않다. 그 일을 빨리 끝내고 해야 할 다른 일이 있는 것도 아니다.

예를 들어 봄을 맞아 정원용 식탁을 설치하는 미션이 주어졌다고 하자. 나였다면 식탁을 내놓고 겨우내 쌓인 먼지를 대충 털어내고, 의자도 꺼내 물걸레로 닦은 후 30분 만에 "끝!"을 외칠 것이다.

장인어른은 먼저 어디 깨진 곳은 없는지 식탁을 잘 둘러보고, 균형이 맞는지도 살필 것이다. 원목 식탁의 색이 바랬다면 니스칠도 새로 해야 한다. 니스가 있으면 다행이지만 없으면 사러 갈 것이다. 플라스틱으로 된 의자의 찌든 때는 에어 컴프레서를 이용할 것이다. 기계가 작동하는지 점검하고, 정원까지 호스가 닿을 수 있도록 플러그가 달린 10미터짜리 전기 연장선도 준비해야 한다. 이 모든 과정이 원활하게 진행된다고 해도 최소한 3시간이다. 그런데 중간에 장인어른이 사라지면 작업은 그만큼 늦춰진다.

분명 식탁 주변에서 일을 하고 있었는데 흔적 없이 사라졌다가 1시간쯤 후에 나타난 장인어른에게 어디 다녀온 거냐고 물으면 이렇게 답할 것이다.

"알렉스 있잖아, 저기 이웃마을에 사는 코소보 난민. 그 친구가 보르도에서 기차로 역에 도착했다고 해서 집에 데려다주고 왔어."

"내일 성당에 장례미사가 있거든. 그거 준비하느라고 회의 다녀왔지."

혹은 이렇게 대답할 수도 있다.

"니스 빌리러 이웃 프랑수아네에 갔는데 아뻬로 시간이어서 포도주 한 잔 하고 왔지."

장인어른과 나의 시간은 종종 다른 세계를 흐른다.

실제로 '속도'는 아내와 내가 종종 다투게 되는 원인이기도 하다. 당연히 나는 '빨리빨리 파'이고, 아내는 '천천히 파'다. 그럴 때 아내는 영락없이 장인을 닮았다. 아내, 그리고 장인어른 덕에 나는 '빨리빨리'를 전보다 덜하게 됐다. 아마 아내는 나와 살면서 전보다 더 '빨리빨리'를 하게 됐을 것이다. 내 입장에서 보자면 프랑스인들의 단호하고도 확고한 느림을 조금은 이해했다고 할까. 내가 그 수준에 도달했다는 건 아니다. 한국인의 피가 어느 날 갑자기 바뀔 리 없어서, 그저 흉내를 내는 수준이다. 흉내를 낼 뿐인데도 가끔 접하는 서울의 속도는 현기증을 불러일으킨다.

언젠가부터 익숙했던 편리함들이 오히려 거추장스러운 액세서리처럼 느껴지기도 한다. '그렇게 빨리빨리 끝낸 다음에 남는 시간은 뭐 할 건데?' 같은 질문들도 떠오른다. 느린 게 꼭 불편하기만 한 건 아니라는 사실도 알게 됐다. 내가 느림 쪽으로 한 발 가고, 아내가 빨리빨리 쪽으로 한 발 오면서 우리는 느림에도 빨리빨리에도 합리적인 구석이 있다는 걸 깨달았다. 우리 둘을 보고 자라는 아이들은 어떤 속도에 맞춰 살게 될까.

꼭 사주지는 않아도 되지만, 제발!
코로나 시대의 성탄절 풍경

코로나 바이러스라는 변수에도 불구하고 어김없이 성탄절이 다가왔다. 한국의 추석이나 설에 아이들이 새 옷과 새 신발을 선물 받고, 어른들은 몇 주 전부터 벌초나 제수 준비를 하는 것처럼 프랑스의 성탄절맞이에도 나름의 절차가 있다.

확실히 '태어난 날'이 '다시 태어난 날'보다 우선이기 때문인지 성탄이 부활보다 더 떠들썩하다. 교회 안에서는 반대일지 모르지만, 바깥 시선으로 보면 그렇다. 가톨릭에서는 성탄절이 되기 4주 전부터 대림절이라는 기간을 정해 축제를 준비한다. 성당에 들렀는데 대형 초 4개 중 하나에 불이 들어와 있다면 대림 1주인 것이다. 불 켜진 초가 4개에 가까워질수록 성탄절이 머지않았음을 의미한다.

그러나 교회 안의 경건하고 공식적인 성탄 준비보다 훨씬 발 빠르게 '아기 예수의 탄생'을 맞이하는 곳이 있다. 바로 쇼핑몰이다. 10월 말을 전후해 2주 동안 만성절 방학이 지나가고 11월 초가 되면 대형 슈퍼마켓들은 이미 성탄절 모드에 돌입한다. 아직 대림절도 시작되기 전이다. 산타클로스 할아버지의 최대 수혜자인 어린이들이 쇼핑몰의 첫 번째 타깃이다.

평소에는 구석에 소규모로 배치돼 있던 장난감 코너가 적어도 두세 배 정도로 커진다. 사람들이 많이 오가는 동선에 인기 있는 장난감들을 진열하기도 한다. 규모가 커진 장난감 코너에는 여기저기 가격 인하를 알리는 빨간 표지들이 붙어 있다. 가까이 가보면 저런 걸 누가 살까 싶을 만큼 품질이 별로거나 철지난 이월상품들이지만 손주나 아이들 선물로 머리 아픈 어른들의 발걸음을 멈추게 하는 데는 분명 효과가 있다.

눈길을 끄는 가격 인하 표지를 보고 왔지만, 대부분은 결국 제 값을 치르고 '조금 더 나아 보이는' 장난감을 고르게 된다. 일개 소비자가 전투대세를 갖춘 슈퍼마켓을 상대로 승리를 거두기란 쉬운 일이 아니다. 가격이 많이 내려간 '이월상품'을 샀다 해도 결국은 소비자의 '정신 승리'일 뿐이지, 진정한 승자는 재고를 털어낸 슈퍼마켓일 가능성이 크다. 한국에서도 명절 전에 대형마켓들이 각종 선물세트를 내놓고 할인 행사를 하지만 선물 주고받는 문화가 뿌리 깊은 프랑스의 성탄절에 비할 바는 아니다.

쇼핑몰보다 더 먼저 성탄을 준비하는 이들은 바로 선물의 최종 목적지가 될 아이들이다. 찬바람이 불기 시작하면 아이들은 오랜 궁리에 들어간다. 며칠 동안 장난감 전문점 카탈로그를 닳아지게 들여다보고 연구해서 갖고 싶은 장난감의 사진을 오리고 직접 그림까지 그려 선물 리스트를 만든다.

그렇게 작성한 위시리스트가 올해도 내 침대 머리맡에 살포시 놓여 있었다. 아이들은 레고 OOO, 플레이모빌 XXX 등 갖고 싶은 장난감을 구체적으로 적은 뒤, 애교성 멘트도 잊지 않는다.

"이번 성탄절에 받고 싶어요. 꼭 사주지 않아도 되지만…… 제발!"

아이들이 글씨를 읽고 쓸 수 있게 되고 장난감의 가치에 대한 나름의 기준이 생기면서 이 과정을 피해 가기 어렵게 됐다.

지난해에는 둘째가 원한 리스트의 선물을 사주지 않았다. 장난감 전문점 카탈로그에서 고른 만큼 레고와 플레이모빌 일색이었는데 뻔한 것들을 좀 피해 가고 싶었다. 대신 스카우트 활동을 시작한 걸 감안해 망원경을 선물했다. 둘째는 처가에서 망원경으로 멀리 밀밭 너머 300미터 정도 떨어진 이웃집을 보더니 "와! 빨래가 보여요."라고 놀라워했다.

하지만 우리가 예상한 것처럼 망원경은 며칠 열심히 주무르고 놀다가 다른 레고나 플레이모빌처럼 진열장 어딘가에 처박히는 신세가 됐다. 아, 가끔 셋째와 탐험가 놀이를 할 때 소품으로 쓰이기는 한다. 나와 아내는 망원경이 닳을 정도로 가지고 놀며 자연과 친해지기를 기대하지만 아마도 희망사항에 지나지 않을 것 같다. 다만 '여덟 살 성탄절에 망원경을 선물 받았지. 한동안 잘 놀았어.' 정도만 기억해줘도 성공적인 성탄절 선물이 아닐까 위안할 뿐이다.

몇 해 전부터는 우리가 아이들로부터 선물을 받는 기쁨도 누리고 있다. 지난해 성탄절에 우리는 어디서 아이디어를 얻었는지 모르지만 첫째로부터 가게에서는 살 수 없는 선물을 받았다. 이름하여 쿠폰 선물이었다. 예닐곱 장의 쿠폰이 세트로 묶여 있는데, '베이비시터 이용권', '안마 10분 이용권', '청소 이용권' 등이었다. 예를 들어 첫째에게 '베이비시터 이용권'을 내밀고 아내와 둘이 외식을 할 수 있다. 우리도 이 아이디어를 빌려 4월 첫째의 생일에 '엄마 아빠와 셋이서 외식하기 이용권'을 발행했는데 코로나로 식당 영업이 제한되면서 아직 사용하지 못했다.

성탄절 선물은 정말 머리에 쥐가 나는 연중행사 중 하나다. 아이들은 그나마 쉬운 편이다. 슈퍼마켓 장난감 코너나 아마존의 장난감 섹션 또는 장난감 전문점 등으로 선택의 폭이 좁혀지기 때문이다. 하지만 장인은? 장모는? 처제는? 동서는? 조카들은? 장인에게는 처제 부부와 갹출해서 할까, 아니면 우리끼리 할까?

한국 부부들은 명절에 본가와 처가 어른들에게 건넬 봉투에 얼마를 담을 것인지 고민할 테지만 나는 그와는 살짝 결이 다른 고민을 한다. 프랑스 가족들과 부대껴 살면서 선물에 대한 개념을 다시 정립하게 됐다. 선물은 사랑의 리트머스 시험지와 비슷하다. 누군가에게 선물을 하려고 하는데 아이디어가 쉽게 떠오르지 않는다면 그 사람과의 관계를 다시 한번 생각해볼 일이다. 사랑하는 사이라면 관심을 가질 것이고, 관심이 있다면 그가 무엇을 받았을 때 제일 좋아할지 모를 리 없다.

언젠가 한국의 부모님 선물을 고르면서 뭘 사야 할지 머리가 하얘지는 경험을 하고 나서 크게 당황한 적이 있다. 말로만 사랑하는 부모님이지 그들을 너무 모르고 있다는 자책까지 하게 됐다. 그 후로는 본가에 가거나 이야기를 나눌 때 좀 더 유심히 살펴보는 습관이 생겼다. 부모님이 스스로 사기는 좀 그렇지만, 있으면 좋을 만한 게 있는지를 미리 눈여겨보는 것이다.

내가 프랑스 가족들의 성탄절 선물로 머리에 쥐가 나는 건 현실적인 이유도 크다. 우리 가족의 통장 잔고에 맞는 선물을 찾아야 하기 때문이다. 그러고 보면 봉투 두께를 고민하는 한국 부부와 크게 다를 것도 없다. 우리 부부는 그래서 매번 성탄절 선물을 연말이 닥쳐서 하지 말고 연중에 준비하자고 다짐한다. 그러나 결혼 생활 10년이 되도록 공염불에 그치고 말았다. 아마 내년에도 슈퍼마켓 장난감 코너가 눈에 띄게 커질 때쯤 또 머리를 쥐어짤 것이다.

프랑스에서 성탄절이 다가왔음을 알리는 또 다른 신호는 트리와 네온 장식이다. 대림절이 시작되는 12월 초면 거리의 각종 네온 장식에 불이 켜진다. 특히 상가 밀집구역이 더 화려하고 반짝이는 불빛으로 가득해진다. 아마도 상가연합회가 설치의 주체이기 때문이다. 그 가운데 성탄 장식이 가장 아름답고 유명한 곳은 뭐니 뭐니 해도 파리 한복판 샹젤리제 거리다. 샹젤리제의 조명은 4~5년 주기로 디자인을 바꾸는데 불을 밝히기 전까지 새 디자인과 색깔을 철저히 비밀에 부쳐 더더욱 파리지앵의 관심을 끈다.

연말을 더욱 눈부시게 비출 샹젤리제 네온이 켜지는 날이면, TV에서 유명인들과 시장이 버튼을 누르는 모습을 볼 수 있다. 사람들은 새로운 샹젤리제를 보며 탄성을 내지르고 사진 찍기에 여념이 없다. 2킬로미터 정도 되는 거리의 400그루 가로수가 동시에 불을 밝히는데 예산 100만 유로 중 10퍼센트가량을 파리시가 지원한다.

1981년 시작해 이젠 파리의 성탄절을 상징할 만큼 새로운 볼거리가 되었지만 전력낭비라는 비판도 나오고 있다. 12월이 되면 파리뿐 아니라 프랑스의 모든 도시에서 성탄 네온 장식이 불을 밝힌다.

거리 곳곳에 대형 트리들도 선을 보인다. 트리는 특히 대형 마트에서 더 눈에 띈다. 장난감 코너가 두세 배로 커지고 할인 광고가 많아질 무렵 마트 주차장에는 초대형 천막이 설치된다. 가정에 설치할 트리를 파는 곳인데, 주로 스칸디나비아 지방에서 공수해 온 다양한 크기의 전나무들이 전시된다. 매년 프랑스에서 소비되는 전나무가 500만 그루라고 한다. 크리스마스트리 장식을 위해 전나무의 윗부분을 잘랐을 텐데, 저 북유럽 어딘가에서 500만 그루의 전나무가 잘려나갔다고 생각하면 아찔하다.

프랑스 전체 세대수가 약 3000만 정도 되니까 여섯 가족 중 하나는 크리스마스트리를 매년 구입하는 것이다. 잘린 전나무에 대한 안타까운 심정에도 불구하고 우리 집 역시 그 여섯 가족 중 하나다.

언젠가 성탄절이 지나고 트리를 치우면서 전나무를 분리수거하는 곳까지 가져가기 귀찮아 벽난로에 넣고 태운 적이 있다. 12월 한 달 동안 장식을 주렁주렁 달고 성탄절 분위기를 선사한 것도 모자라 제 몸을 태워 온기를 나눠준 것이다. 북유럽의 전나무는 졸지에 '아낌없이 주는 나무'가 돼버렸다. 그런데 벽난로 굴뚝이 거의 막히다시피 했다는 사실을 이듬해 알게 됐다.

굴뚝 청소부가 청소를 안 한 지 3~4년은 된 것 같다고 했을 때, 나는 1년밖에 안 됐다는 말을 하지 못했다. 전나무 송진이 타면서 생기는 연기가 굴뚝 내벽을 막히게 한 것 같았다. 전나무의 역습이랄까. 지붕 위로 올라간 아저씨는 특수 기계를 사용해야 한다며 평소 가격의 두 배를 불렀다. 아뿔싸, 딱! 딱! 딱! 전나무 타들어가는 소리를 들으며 따뜻한 벽난로 옆에서 우아하게 커피를 마실 때는 전혀 예측하지 못한 상황이었다.

화려한 장식의 크리스마스트리와 그 아래에 놓인 선물 꾸러미들. 프랑스 가정집의 성탄절 아침 거실 풍경이다. 선물 포장지 위에는 누가 누구에게 주는 것인지 적혀 있다. 선물을 배달하는 것은 가장 어린 셋째의 몫이다. 셋째가 맘에 드는 선물을 손에 들면 첫째가 "이건 둘째 거야."라고 읽어준다. 셋째가 둘째에게 선물을 전해주면, 둘째는 엄마아빠에게 달려와 고맙다며 볼뽀뽀를 하고 손이 보이지 않을 만큼 순식간에 포장지를 뜯는다. 올해는 어쩌면 아장아장 걷는 넷째가 셋째 역할을 할 수도 있겠다. 우리 여섯 가족의 성탄절은 그렇게 하이라이트를 맞이한다.

그리고는 두 번째 하이라이트를 향해 출발한다. 차로 다섯 시간 정도 걸리는 처가에 가서 다시 크리스마스트리 아래 놓인 선물 나누기를 하는 것이다. 독일 처제 부부까지 모이면 어른 여섯에 아이 여섯, 여기에 건강이 급격히 나빠져 처가에서 지내고 있는 아내의 외할머니를 포함해 총 열세 명이, 우리로서는 두 번째 성탄절 행사를 갖는다.

우리 가족의 경우는 아빠 쪽, 즉 내 가족이 한국에 있어서 성탄절 때 누구 집에 먼저 갈 것인지 고민할 필요가 없다. 하지만 프랑스인들은 올해는 엄마 집으로, 내년에는 아빠 집으로 가기도 한다. 한 번 모이면 일주일 정도 지내야 제대로 휴가를 보냈다고 말하는 그들이 외가에서 3~5일, 친가에서 3~5일을 보내다보면 여기서도 저기서도 만족하기 어려운 휴가가 될 게 뻔하기 때문이다.

처가에서 조촐한 성탄절을 지낸 우리는 세 번째, 즉 성탄절 가족모임의 진짜 클라이맥스로 향한다. 아내의 엄마 쪽 식구들이 모두 한자리에 모이는 것이다. 아내의 외할머니가 살아계셔서 가능한 일이다. 우리 아이들을 포함해 증손자만 열 명인데 지난해의 경우 참석자 수를 세어보니 마흔두 명이었다. 세 명이 불참해 참석률은 90퍼센트를 웃돌았다. '성탄절은 가족과 함께'라는 표어가 새삼스럽지 않다.

모임 장소는 매년 바뀌기도 한다. 인원이 워낙 많다 보니 마땅한 장소를 찾는 일도 쉽지가 않다. 가장 애용하는 곳은 가족 별장, 그랑 빼로Grand Peyrot인데, 처가에서 차로 20분 정도 떨어져 있다. 딱히 다른 단어가 생각나지 않아 별장이라고 썼지만 정확히 말하면 할머니의 동생이 소유한 조금 큰 집이다. 그러나 그가 평소에 사는 집이 아니어서 별장이라는 표현이 틀린 것도 아니다. 할머니의 9남매가 부모님으로부터 물려받았는데 형제들 중 일부가 지분을 몰아주면서 50퍼센트 이상을 갖게 된 막내동생이 소유권을 행사하게 됐다. 그래서 가족 행사가 있으면 얼마간의 돈을 내고 사용한다.

공간은 그런대로 넉넉하지만 17세기에 지어진 집이어서 편의성이 다소 떨어진다. 방이 아홉 개인데, 아이들이 있는 부부는 아이들과 한 방에서 지내고, 결혼을 하지 않은 사촌들은 거실 용도로 쓰는 대형 방에서 매트리스를 깔고 함께 뒹군다. 그리 멀지 않은 곳에 사는 아내의 삼촌과 이모들은 자기들 집에서 자고 늦은 아침을 먹으러 합류한다. 42명이 아니라 50명, 60명으로 늘어도 함께 지낼 수 있다는 듯 아무렇지도 않게, 심지어 자연스럽게 모두가 같은 공간에서 부대낀다.

그랑 빼로에서 2박3일간의 성탄절 축제가 막을 올렸다. 축제라고 해봐야 거창한 것은 없다. 함께 지내는 동안 서로 안부를 묻고 그동안 못한 이야기들을 주구장창 한다. 같이 먹고, 같이 이야기 나누고, 같이 산책하고, 같이 게임한다. 그러고도 아내는 종종 헤어지면서 아쉬워한다.

"올해는 몇 명 제대로 보지도 못했어."

아내 기준으로 '제대로'는 얼굴을 맞대고 최소 한 시간 정도 이야기하는 것인데, 저마다 아이들이 있다 보니 쉽지 않은 일이다.

두 번의 저녁식사 중 생굴과 푸아그라를 먹는 날이 진짜 잔칫날이다. 이 두 가지 음식은 우리로 치면 설날 떡국과도 같다. 성탄절이 다가오는 슈퍼마켓에서 음식코너를 가득 채우는 재료들이다.

지난해에는 유난히 아내의 사촌동생들, 즉 할머니의 손주 세대들이 연인을 많이 데리고 나타났다. 성탄절 가족 행사에 함께 등장할 정도면 결혼할 가능성이 꽤 크다고 볼 수 있다. 곧 결혼과 출산 소식이 이어지면 할머니가 돌아가시기 전까지 성탄절 가족 모임은 참석자가 계속 늘게 될 것이다.

셋째날 아침이 밝으면 다들 다음을 기약하며 각자의 위치로 돌아간다. 아직 성탄절 방학이 일주일 정도 더 남아서 누군가는 스키장으로, 누군가는 다른 가족들이 있는 곳으로, 누군가는 다시 일터가 있는 집으로 간다. 우리는 그랑 빼로에서 20분 거리의 처가로 돌아와 나머지 휴가를 즐긴다. 나는 처가 마당에 널브러진 대나무들을 이용해 아이들과 그럴듯한 아지트를 만들고, 보르도 시내에서 가론 강변을 산책하고, 마을 전체가 구유 장식 전시장으로 변하는 인근 마을에서 세상의 '거의' 모든 구유 인형들을 구경한다. 우리의 성탄절은 이렇게 마무리된다.

다만 올해는 코로나 바이러스라는 변수 때문에 지난 성탄절들과는 확연히 다른 풍경이 연출됐다. 11월 초에 내려진 2차 봉쇄령이 성탄절을 앞두고 풀리긴 했지만 가족 구성원들 모두 전체 인원이 모이는 데 부정적 의견을 표했다. 그래서 이번 성탄절은 블루아에서 1차로 우리끼리 간단한 의식을 한 뒤 뽕도라에 가서 독일 처제 가족과 열댓 명이 명절을 보내게 됐다. 예전처럼 가족 별장에서의 모임은 생략됐다.

그래도 성탄은 성탄이어서 12월 내내 우리는 선물 준비로 골머리를 앓았고, 지난해에 그랬던 것처럼 전나무를 사서 거실에 설치했고, 벽난로 위에 구유 인형 세트를 놓았다. 12월이 다 지나갈 무렵 나는 스스로에게 올해도 잘 해냈다고 위안의 말을 건넸다. 다소 귀찮은 과정들이지만 순간순간이 각자의 기억 속에 남아 블루아 정씨 가족의 12월을 풍성하게 한다는 생각을 하면, 기꺼이 내년 12월을 기다리게 된다.

너희 덕에 어른이 됐다

3

아이들의 반응에 귀를 기울이기만 한다면
누구든 혁명 정신을 지니고 있는 것이다.
소위 다른 혁명들은 아무것도 바꾸지 못할 것이다.
-프랑수아즈 돌토, 《아이의 항변》

기저귀 갈던 때를 그리워할까?

아이 몸이 요구하는 걸 따르는 육아법

우리 아이들은 대체로 걸음마가 좀 늦은 편이다. 넷째 역시 18개월이 다 돼서야 두 발로 걷는다고 말할 수준이 됐고, 이후로도 한동안 뒤뚱거리며 매우 서투른 자세로 걸었다. 걷는 게 서툴다는 건 시도 때도 없이 잘 넘어진다는 말과 같다. 걸음마를 뗄 무렵 넷째의 이마는 멍이 없는 날을 손에 꼽을 정도였다. 아내와 나는 이쯤 되면 어린이집 교사들이 가정학대로 보는 건 아닐까 농담을 주고받기도 했다. 우리는 주치의인 가정의학과 의사에게 넷째의 걸음걸이를 보여주며 전문가를 찾아가야 하는 거냐고 묻기까지 했다.

우리 가족의 건강을 책임지고 있는 르루아 선생은 세상 느긋한 양반이다. 아는 사람 하나 없는 블루아에 와서 이웃이나 친구들로부터 좋은 의사를 소개받는다는 건 상상도 못하던 시절, 인터넷을 뒤져 집에서 가까운 곳에 진료실이 있는 그를 찾았다. 진료실은 이민자들이 많이 사는 동네 한가운데 있었고, 환자들 역시 피부색이 다양했다. 우리에겐 그런 게 중요하지 않았다. 누구라도 주치의가 돼줄 의사가 필요했다.

프랑스 의료시스템에서는 가족 구성원의 모든 병력을 꿰고 1차 진료를 담당하는 주치의의 역할이 중요하다. 주치의 없이 이 의사 저 의사를 찾아다녀도 상관은 없지만, 주치의로 지정을 하면 할인 혜택이 있고 예약할 때 우선순위에 배정되는 등 장점이 많다. 아이들이 갑자기 아파서 전화했는데, "다음 주 월요일에 오세요." 하면 난감해지지 않겠는가.

르루아 선생은 60대 초반쯤으로 보이는데 어쩌면 더 젊을지도 모른다. 외모로 볼 때 겉늙어 보일 가능성이 있다는 말이다. 키가 크고 날씬한 체형인데 동작이나 반응이 느리니, 키가 작고 뚱뚱한 사람이 느린 것보다 더 느려 보인다. 아이의 증상을 설명한 뒤 상태를 보여주고 이유를 물으면 선생은 어김없이 고개를 갸우뚱하며 "글쎄요."라고 반문하듯 반응한 후 진단을 이어간다.

그리고 심각한 수준이 아니라는 말을 덧붙이면서 처방전을 써준다. 항생제를 꽤 절제하는데도 약발은 기가 막히게 잘 받는다. 아이들뿐 아니라 나와 아내의 자잘한 통증들도 르루아 선생의 답답함을 자아내는 느려터진 처방전으로 훌륭하게 다스려 왔다. 어쩌면 그 답답함을 못 견디는 사람들이 다들 떠나는 바람에 주치 환자 리스트가 비어 있었던 건 아닐까 하는 생각을 나중에 했다.

르루아 선생은 넷째의 걸음걸이를 본 뒤 전문가에게 가기엔 이르다며 조금 더 지켜보자고 했다. 언제까지 지켜봐야 하는 거냐고 따지듯 묻지는 않았다. 르루아 선생의 반응을 내 맘대로 분석해 보면, '원래 막 걸음마 뗀 애들은 뒤뚱거리면서 걷는다. 지금 너희들 약간 오버하는 거 알지?'라고 되묻는 듯했다.

우리 아이 걸음마가 다른 집 아이들보다 조금 늦다는 걸 깨달은 건 한국에서였다. 첫째가 돌에 가까웠을 때 첫째보다 한 달 일찍 태어난 아이가 있는 친구 집에 놀러 간 적이 있다. 돌을 갓 넘긴 그 아이는 걸음마를 넘어 뛰어다니는 수준이었다. 열 달이 되기 전부터 걸었나. 첫째는 겨우 네 발로 걷던, 정확하게 말하면 기어 다니던 시기였다. 할머니와 많은 시간을 보냈던 그 아이는 보행기를 사용했다고 한다. 한국 엄마들, 특히 옛날 세대 사람들은 아이들이 빨리 앉고, 빨리 기고, 빨리 걷고, 빨리 씹고, 빨리 먹기를 원하는 경향이 있다. 혼자서 걷기 어려운 아이들의 걸음마를 도와주는 보행기는 그런 어른들의 조급함을 대변하는 제품이 아닐까.

그러고 보면 프랑스에서는 보행기를 거의 사용하지 않는다.

아이 용품점에 진열된 상품을 본 적은 있다. 그러나 유모차나 침대, 차량용 시트처럼 수많은 브랜드의 다양한 제품이 있지는 않고 구색 맞추기 용으로 하나 정도 있거나 아예 없는 경우도 많다. 즉 손님들이 많이 찾지 않는 상품이라는 거다. 아이가 있는 프랑스 친구들의 집을 많이 가봤지만 보행기를 본 적은 단 한 번도 없다. 물론 우리도 사용하지 않았다.

보행기가 없는 대신 프랑스의 유아용 신발은 눈여겨볼 만하다. 발목까지 올라오는 가죽 신발인데, 바느질 상태 등 전반적으로 품질이 아주 좋다. 발목까지 잡아주는 튼튼한 신발을 신어야 걸음마를 제대로 배울 수 있기 때문이다. 그래서인지 가격이 꽤 비싸다. 성인 손바닥보다 작은 신발이 노브랜드 제품이어도 50유로를 훌쩍 넘긴다.

그렇게 품질이 좋고 비싸지만 아이들의 발이 금방 자라서 오래 신지는 못한다는 단점 아닌 단점도 있다. 그 단점은 우리처럼 형제가 여럿인 집에서는 장점으로 변한다. 첫째가 신은 신발을 넷째까지 신으니 말이다. 어쨌든 네 아이가 모두 같은 신발을 신고 걸음마를 뗐는데 넷째는 유난히 잘 넘어진다. 신발이 닳을 대로 닳아서 그런 건가.

우리가 만난 프랑스 소아과 의사들의 말을 종합해보면, 아이들은 발달과정이 저마다 달라서 일정한 부분의 발달이 몇 달 정도 빠르거나 늦는 건 자연스러운 현상이다. 빨리 걷는 아이들은 이가 늦게 나기도 하고, 이가 빨리 나는 아이들은 상대적으로 걸음마를 늦게 배울 수 있다는 이야기다. 이도 늦게 나고 걸음마도 늦지만 말 배우는 속도가 빠를 수도 있다.

파리에 살 때 첫째를 맡았던 소아과 의사의 조언이 생각난다. 단계를 넘어갈 때 재촉하지 말 것. 그러니까 아이의 몸이 요구하는 걸 따르라는 말이었다. 가만히 누워 있던 아이가 혼자 뒤집을 때, 누워서 뒤집기만 하던 아이가 혼자 앉을 때, 앉거나 기어다니던 아이가 일어설 때, 일어서서 걸을 때 등 모든 단계에서 부모는 손을 내밀어 살짝 힘을 보태는 것 이상 관여해선 안 된다고 했다.

이것은 느림에 대한 철학 같은 거창한 이론이 아니라, 매우 과학적이고 실질적인 육아 수칙이다. 아직 준비가 되지 않은 아이를 억지로 일으키거나 앉히는 게 신체 발달에 좋은 영향을 미칠 리 없다. 아이의 몸이 원하는 요구에 귀 기울여야 한다는 건 이제 막 걸음마를 뗀 넷째뿐 아니라 사춘기에 접어든 중학생 첫째에게도 해당되는 이야기일 것이다.

이는 열 개 넘게 나서 이유식도 다 끝난 넷째가 걷기 시작하면서 우리에게 생긴 또 하나의 변화는 기저귀였다. 슈퍼마켓에 갈 때 쓰는 쇼핑 리스트에 기저귀의 종류가 하나 더 늘었다. 팬티형 기저귀. 그 무렵 우리는 기저귀 크기를 4단계에서 5단계로 업그레이드 했는데, 우리가 사용하는 브랜드는 5단계부터 팬티형도 같이 나온다. 팬티형 기저귀는 주로 자연스럽게 일어서고 걷는 아이들을 위한 것이라는 점을 감안하면, 우리 넷째 발달이 그리 늦은 것도 아닌 셈이다. 오히려 4단계 기저귀를 사용하는 9~10개월 아이가 걷는 게 특별한 일인 거다. 나는 그냥 이런 식으로 정신승리를 하곤한다.

아내가 넷째를 가졌다고 했을 때 가장 먼저 뇌리를 스쳤던 것 중 하나가 바로 기저귀였다. 아~ 기저귀 생활을 또 시작하게 되는구나. 새 가족이 생긴다는 사실이 너무 기뻤지만, 그때 만약 누군가 내 얼굴 어딘가에 보일 듯 말 듯 드리운 검은 그림자를 눈치챘다면 그것은 기저귀 때문이었을 것이다. 각각 2, 3년 터울인 첫째부터 셋째까지 약 7년 정도 쉬지 않고 기저귀를 갈았고, 2~3년 손을 놓았는데 다시 기저귀를 갈아야 하다니. 기저귀 가는 방법을 잊은 건 아니겠지?

아이가 태어나는 순간부터 대소변을 가릴 때까지 기저귀를 관리해야 한다는 부담감은 간단치 않은 것이다. 아이의 뽀송뽀송한 엉덩이가 전적으로 내 손에 달려 있기 때문이다. 갓난아이의 살은 회복력이 대단하다. 짓무르는 것도 아무는 것도 금방이다. 다행히 기저귀 가는 법은 머리가 아니라 몸이 기억하고 있었다. 기저귀

가는 일에 익숙해지는 건 시간문제였다.

아내와 내가 기저귀를 가는 장면을 떠올리면 눈에 띄게 다른 점이 하나 있다. 첫째 때부터 놓칠 수 없던 사실인데, 아내는 기저귀를 갈면서 아이들과 대화를 나눴다. 제삼자가 보면 두 다리를 한껏 쳐들고 있는 갓난아이를 앞에 두고 주저리주저리 혼잣말을 하는 약간 이상한 사람으로 보일지도 모르겠다.

반면 나는 무성영화의 한 장면처럼 조용히 기저귀를 간다. 대변이 묻은 아이의 엉덩이를 흐르는 물에 씻기 위해 아이를 세면대로 들어 올릴 때는 가끔 "으쌰!" 같은 추임새를 넣긴 했다. 그런 효과음을 빼면 적막이 흘렀다.

처음엔 아내의 독백이 생소했다. 밭일하는 아낙네가 혼자 노래를 읊조리듯 아내 역시 노동에 필요해서 중얼거리는 것이라고 생각했다. 그렇지만 아내의 '노동요'는 혼잣말이 아니었다. 별 내용은 없었지만 그건 아이와의 대화였다. 뱃속에 있을 때부터 소통을 해왔으니 얼굴을 보고 하는 대화는 더 쉬웠을 것이다.

나는 그게 부러우면서도 쉽게 되질 않았다. 셋째 때가 돼서야 기저귀를 갈면서 혼잣말을 하고 있는 나를 발견했다. 매번 그런 건 아니지만, 내 말을 듣는지 안 듣는지도 모르는 갓난아이와 말을 섞는 모습이 더 이상 어색하지 않을 정도다. 지금 넷째를 키우면서는 기저귀 갈 때는 물론이고 차를 타고 갈 때도 종종 대화를 나눈다.

만 두 살에서 두 살 반 정도가 되면 팬티형 기저귀가 아니라 그냥 팬티가 필요해진다. 기저귀와 영원한 작별을 하는 것이다. 나의 기저귀 생활도 앞으로 짧으면 6개월, 길면 1년이다. 이변이 없는 한 내 아이의 기저귀를 가는 것은 이제 끝이 될 가능성이 크다. 그때가 되면 대소변을 가리네 마네 하면서 넷째에게 박수를 보내고 있을 것이다. 나중에 우리는 기저귀 갈던 시절을 그리워하게 될까.

탯줄을 자르시겠어요?

네 아이의 출산과 유통분만 예찬

장인어른과 장모님은 지난해 만성절 방학을 맞아 독일 처제 집에 갔다. 자동차로 열 시간이 넘는 거리를 달려간 이유는 처제의 둘째아이 출산일이 임박했기 때문이다. 장인 장모에게는 여섯 번째 손주인데, 딸만 둘인 이 부부에게 손주 여섯이면 자식농사가 나쁘지 않은 편이다.

처제는 아내와는 반대로 예정일을 일주일이나 넘긴 후에 첫딸을 낳았다. 유산을 하는 등 두 번째 임신 과정이 쉽지 않았기 때문에 우리도 초조하게 기다렸다. 아내는 자기가 임신했을 때보다 더 궁금해하며 평소에는 신경도 안 쓰던 스마트폰 채팅창을 계속 들여다봤다. 처제는 첫애를 낳을 때 위험한 순간이 닥쳐 끝에 가서야 제왕절개 수술을 결정했다. 이번에는 자연분만으로 낳을 수 있기를 모두가 기원하고 있었다. 아내처럼 '유통분만'까지는 아니더라도 수술만은 피하기를 바랐다.

아내가 첫아이를 임신했을 때 우리는 파리 시내 조그만 아파트에 살고 있었다. 나는 특파원 자격으로 파리에 도착한 지 얼마 안 됐고, 아내는 대학원에 다니는 학생 신분이었다. 임신 기간 중 꽤 오랜 시간을 떨어져 있었기 때문에 둘이 다시 한집에 짐을 푼다는 사실만으로도 서로에게 위안이 되었다. 나중에 알았지만, 당시 아내는 몸도 마음도 매우 지친 상태였다고 한다.

그때 아내는 20대 중반이었다. 한국 친구들은 나이차만으로 나를 '도둑놈'이라고 부르기도 했는데, 내가 아무리 아니라 해도 이 시기를 떠올리면 할 말이 없어지는 게 사실이다. 다만 아내는 본인의 부모를 비롯해 외삼촌, 이모, 고모 등 가족 중 최소한 다섯 쌍 이상이 열 살 차이여서 나이는 아무 문제가 없다고 생각하는 편이다. 정신연령으로 따지면 얼추 비슷해지므로 나 역시 아내의 생각에 동의한다.

프랑스 병원에서 출산하기 위해서는 의사에게 임신 진단을 받은 뒤 산부인과 병원 병실을 예약해야 한다. 임신 진단을 받았다는 건 출산 예정일을 특정할 수 있게 됐다는 말이기도 하다. 즉 출산 8~9개월 전에 병실 예약이 이미 끝난다. 그런데 우리는 출산 예정일을 서너 달 정도 앞두고 집을 얻었기 때문에 아내가 출산할 수 있는 파리 병원의 병실을 예약하지 못한 상태였다. 물론 임신 동안 정기적으로 다니던 보르도 인근 산부인과 병원으로 가면 문제없이 아이를 낳을 수 있었다. 하지만 현실적으로 그럴 수는 없는 상황이었다.

산부인과가 있는 파리의 대형 아동병원에 우리 사정을 설명했더니, 병원 직원이 팁을 주었다. 어차피 정상적인 방법으로 출산 예약을 할 수 있는 시기는 지났으므로, 응급실을 통해 가면 분만실을 배정받는 게 가능하다는 것이었다. 우리에게는 다른 선택지가 없었다. 다행히 산모와 아기의 건강상태가 특별히 나쁘지 않았기 때문에 이 방법을 통해 파리에서 출산하기로 결정했다.

예정일을 3주 앞둔 어느 화요일 새벽 진통이 시작됐다. 나는 간헐적으로 고통을 호소하는 아내를 부축해 차에 태웠다. 집에서 병원까지는 차로 10분 정도 거리였다. 새벽이라 더 일찍 도착했는데, 주차를 하고 응급실로 달려가니 아내는 창구 앞에 앉아 병원 직원의 물음에 답하고 있었다.

병실이 예약돼 있나요? 그렇다면 차트를 새로 만들어야겠네요. 이름은요? 주소는요? 사회보장 번호는요? 가끔 일그러진 얼굴을 하면서 아내는 신상명세 작성을 마쳤다. 지금 생각해보면 아내도 나도 모든 게 서툴렀다. 아내는 병실을 배정받았다. 파리에서 '가장 큰' 아동병원인 만큼 시설도 그리 나쁘지 않았는데, 이 '가장 큰'이라는 타이틀이 우리를 성가시게 하리라고는 미처 알지 못했다.

아내의 병실로 찾아온 조산사는 남자였다. 조산사라는 뜻의 프랑스어는 두 단어로 된 조어 sage-femme인데, 이를 해체해보면 '현명한sage 여성femme'이라는 뜻이 들어 있다. 산부인과 병원이 없던 시절, 동네의 나이 많고 경험 많은, 아마도 '현명한' 여성이 조산사 역할을 한 데서 온 단어일 게다. 그런데 '현명한 여성'이 남성이라니. 아내와 나는 적잖이 당황했다. 그러나 당황스러운 건 이게 다가 아니었다.

대형 아동병원이다 보니 인턴이나 실습생 등이 병실에 자주 드나들었다. 아내의 자궁이 몇 센티미터 열렸는지 시간대별로 체크를 했는데 아내를 담당한 남성 조산사뿐 아니라 의대생으로 보이는 사람들까지 찾아와서 양해를 구하고 직접 해당 부위를 만지기도 했다. 양해를 구할 때 싫다고 하면 정중하게 물러갔을지도 모르지만 아내나 나나 그럴 여유가 없었다. 나중에야 "그런 일이 있었지. 썩 기분이 좋지 않았어."라고 돌아볼 뿐이었다.

아내의 진통은 길었다. 1인실에서 5시간 정도 자궁이 충분히 열리길 기다리다가 분만실로 들어가 또 5시간 정도 진통이 계속된 뒤에야 아이를 만날 수 있었다.

아이가 나오기 전에 남성 조산사가 탯줄을 직접 자르겠느냐고 물었다. 딱히 하고 싶은 마음이 있는 건 아니었지만 대답을 재촉하는 것 같아 그냥 그러겠다고 말하고 말았다. 아내의 오른손에는 마취주사 버튼이 들려 있었다. 분만의 순간에 가까워질수록 통증과 통증의 사이가 짧아지고 통증의 세기는 더 강해진다고 아내가 설명했다. 견디기 어려울 때 그 버튼을 누르면 고통을 반감시켜준다고 했다.

드디어 자궁이 충분히 열리고, 아내의 비명과 함께 아이가 나왔다. 분만실에는 남성 조산사를 비롯해 여자 산부인과 의사와 몇 명의 인턴이 들어와 있었다. 그런데 갑자기 의료진이 분주하게 움직이기 시작했다. 탯줄을 자를 거냐고 물었던 조산사는 그럴 틈도 없이 본인이 탯줄을 자르고 아이를 옆방으로 데려가 버렸다. 나중에 설명을 들으니 아이가 밖으로 나오는 순간 숨을 제대로 쉬지 않았다고 한다. 3주나 먼저 나왔기 때문일까? 우리는 이런저런 짐작을 해볼 뿐이었다.

의료진은 아이를 인큐베이터에 두고 지켜보기로 했다. 코에 호흡을 돕는 호스를 꽂고, 가슴에는 심장 박동을 재는 각종 선들을 붙였다. 손목에도 링거를 위한 주삿바늘이 꽂혔다. 아이는 영락없는 환자의 모습이 되었다. 낮에는 함께 있을 수 있었지만 밤에는 간호사들이 아이를 관리하기 쉬운 공동 병실로 데려갔다.

프랑스에서는 건강에 문제가 없는 아이들은 태어나면서부터 엄마와 함께 지낸다. 아내는 5일 입원해 있었는데 3일째부터 빨리 집에 가고 싶다고 불평을 해댔다. 아이는 하루가 다르게 좋아져서 몸에 붙였던 여러 선들도 하나둘 떼었다. 그러나 파리에서 '가장 큰' 아동병원은 아이를 가만두지 않았다. 각종 검사를 하느라 대여섯 군데를 더 들렀다. 차례를 기다리면서 우리는 장애가 있거나 실제로 아픈 아기 환자들을 마주쳤다. 자꾸 그런 일이 반복되다보니 우리 아이도 진짜 뭔가 잘못 된 건 아닐까 착각을 할 정도로 침울해졌다.

다행히 모든 결과가 다 좋았다. 다만 주사 자국 때문에 아이 손등에 남은 퍼런 멍과 며칠이 지나도 쉽게 지워지지 않던 반창고 자국이 한동안 우리를 괴롭혔다. 이런 우여곡절 때문에 우리의 첫 번째 출산 경험은 썩 유쾌하게만 남아 있지 않다. 물론 첫아이를 안아보는 기쁨이 모든 우울함을 한 번에 날려버렸지만 말이다.

둘째아이를 가졌을 때 우리에겐 새로운 과제가 주어졌다. 임신 중반기를 넘어가면서 아내가 거대세포 바이러스CMV에 감염됐다는 사실을 알게 됐다. 이 바이러스는 주로 어린아이 소변을 통해 감염이 되는데 일반 성인에게는 별다른 증상 없이 지나간다고 한다. 하지만 산모의 경우 태아에게 전염되면 심각한 상황에 이를 수 있다. 임신 초기였다면 태아에게 전염될 확률이 꽤 높다고 하는데, 위험한 시기를 넘겨 감염된 것이 불행 중 다행이었다.

그렇더라도 아무 문제가 없던 첫째 때보다는 더 자주 병원에 다녀야 했다. 일반적으로 프랑스 임산부들은 임신 기간 동안 3~4회 정도 초음파 검사를 하는데 아내는 CMV 때문에 훨씬 자주 했다. 병원에서는 바이러스 진행 상황에 따라 양수검사를 할 수도 있다고 했다. 기형이나 장애 여부를 판단하기 위해서였다.

우리는 고민을 거듭한 끝에 병원에서 요구하더라도 양수검사를 하지 않기로 했다. 긴 바늘을 배에 찔러 넣어 양수를 채취하는 이 검사는 그 자체로 거부감을 주는 데다 아이를 다치게 할 위험도 있다. 그 위험을 감수하고 얻을 수 있는 정보가 무엇인지 생각했다. 아이가 정상이 아닐 가능성이 높다는 것? 만약 그런 결과가 나온다면 낙태를 할 것인지 결정하라는 말인가? 우리는 어떤 상황이든 낙태를 선택할 일은 없었으므로 양수검사는 무의미하다고 판단했다. 다행히 양수검사를 할 정도는 아니었다. 출산 때까지 우리는 더 이상 CMV에 대해 말을 꺼내지 않았다.

그런데 아내가 또 하나의 과제를 들고 왔다. 이제 막 걷기 시작한 첫째와 동네 놀이터에 다녀온 아내가 어렵게 입을 뗐다.

"놀이터에서 엄마들이랑 이야기를 했는데, 마취하지 않고 출산하면 어떨까. 해보고 싶은데 괜찮을까?"

당연히 아프겠지. 뭐라고 해줄 말이 생각나지 않았다. 마취 없이 애를 낳는다니. 사극에서 보던 출산 장면이 떠올랐다. 천장에 매단 줄을 잡고 땀을 뻘뻘 흘리며 있는 힘을 다해 아이를 밀어내다가 마침내 아이가 응애 하고 세상에 나오는 장면 말이다.

아내가 놀이터에서 만난 엄마는 마취제로 통증을 줄이는 무통분만이 아니라 이른바 '유통분만' 예찬론자였다. 찬양하는 이유는 한두 가지가 아니었는데, 가장 큰 장점으로 빠른 회복을 들었다. 마취를 하면 몸을 추스르는 데 최소한 며칠이 걸린다. 그런데 유통분만은 바로 일상생활이 가능할 정도로 회복이 빠르다는 것이다. 또 진통 과정이 짧은 점, 분만실에서 각종 선에 묶이지 않고 자유롭다는 점, 불필요한 의학적 처치를 받지 않아도 되는 점, 모유 수유가 더 수월하다는 점 등이 언급됐다.

아내는 첫째를 낳을 때 마취를 한 까닭에 진정한 출산의 고통을 느끼지 못한 게 아쉬웠다고 말했다. 출산의 고통을 정면으로 대해보겠다는 아내의 다짐에 나는 어떤 도움을 줄 수 있는지 알 수 없지만 응원은 하겠다고 했다. 자신도 무서울 텐데 그런 생각을 한 것 자체가 대단하다는 말밖에 해줄 수 없었다. 물론 그때는 유통분만을 한 번 해볼까 정도였지 다짐을 굳힌 것은 아니었다.

둘째도 출산예정일 3주 전에 진통이 시작됐다. 분만실에 들어가자 경험 많아 보이는 여자 조산사가 들어왔다. 우리는 서로를 보며 안도의 표정을 지었다. 아내가 유통분만에 대해 이야기했다. 조산사는 요즘 많이들 하는 추세라면서 실행에 옮기기 어려워 그렇지 다들 만족한다고 설명했다.

아내는 그때까지도 마취를 하지 않은 상태에서 무통주사를 달라고 할까 말까 망설이고 있었다. 자궁 문이 조금씩 열리자 산통도 커지고 있었다. 통증이 생각보다 더 세서 마음이 약해졌는지 아내가 조산사에게 물었다.

"지금이라도 마취할 수 있어요?"

"너무 늦었어요."

화살은 이미 시위를 떠난 뒤였다. 통증이 커지고 분만이 클라이맥스로 치달을 무렵, 인자한 표정의 그 조산사는 방에 들어와 이렇게 말했다.

"유통분만이라는 어려운 결정 내린 거 정말 대단해요. 출산 잘 마무리하길 바랄게요."

그녀는 퇴근시간이라며 자신을 대신할 다른 조산사를 소개하고 사라졌다.

출산이 임박한 상황에서 새로 분만실에 온 조산사는 남성이었다. 웬 운명의 장난인가. 언니처럼 따뜻한 조산사의 조언과 보살핌에 안정감을 느끼던 아내인데, 첫째에 이어 둘째 출산도 남자의 손에 맡겨지다니. 심지어 마취도 하지 않았는데! 성별이 중요한 건 아니라고 아무리 되뇌어 봐도 운명의 장난이라는 말만 자꾸 떠올랐다.

아내의 고통은 점점 더 커졌다. 아내는 양옆에 있는 나와 조산사의 팔을 움켜쥐고 있는 힘을 다해 잡았다 놓았다를 반복했다. 진통이 절정에 달하고 둘째가 세상 밖으로 나왔다. 아내 눈의 흰자위 실핏줄이 터졌다. 둘째는 첫째와 달리 힘차게 울음을 쏟아냈다. 아내의 혼 빠진 모습과 울고 있는 둘째를 번갈아 보면서 주책없이 흐르는 눈물을 몰래 닦았다. 이번엔 우느라고, 나는 또 탯줄을 자르지 못했다.

마취 없는 자연분만을 결국 해냈다. 처음으로 아내가 존경스럽다는 생각이 들었다. 두 살 터울의 첫째는 힘든 여정을 거쳐 세상에 나온 걸 아는 듯 둘째를 따뜻하게 맞아주었다. 동생이 태어나면 보이는 흔한 퇴행이나 질투 같은 것도 없었다.

산후 과정만을 따져보면 확실히 둘째 때가 훨씬 생동감 있었다. 아내는 다음날 따뜻한 물로 샤워를 하고 곧바로 모유 수유에 들어갔다. 눈의 핏기는 아직 가시지 않았지만 첫째 때와 비교하기 어려울 정도로 덜 피곤하다고 했다. 다시 임신을 하면 또 유통분만을 할 기세였다.

3년 뒤 아내가 셋째를 임신했을 때 우리는 서울에 살고 있었는데, 6개월의 육아휴직을 얻어 모두 프랑스 처가에 와서 지냈다. 아내의 분만 스타일이 서울 산부인과 시스템과 잘 어울리지 않는 것 같았고, 엄마 곁에서 아이를 낳는 게 낫겠다고 판단했다.

　　늦봄이 지나고 초여름에 접어들던 어느 토요일, 나는 출산예정일 2주를 앞두고 파리로 4박5일 출장을 가게 됐다. 한국 방송국 취재팀의 코디네이터를 하기 위해서였다. 파리에 도착하고 몇 시간 뒤 장인어른으로부터 전화가 왔다. 진통이 와서 병원에 갔다는 소식이었다. 그날 밤 분만실에 들어간 아내는 다음날 새벽에 셋째를 낳았는데, 역시 마취를 하지 않았다.

　　그때 처가에 장인 장모의 친구 부부가 놀러와 있었는데, 직업이 간호사인 친구의 아내 역시 마취 없이 네 아이를 낳은 경험이 있었다. 그녀와 장모가 나를 대신해 분만실에 들어갔고, 조산사까지 네 여성이 세상에 나오는 셋째를 축하해줬다. 아내는 나중에 남편의 빈자리가 느껴지지 않을 만큼 완벽하고 색다른 분만 과정이었다고 했다. 나는 또 탯줄을 자르지 못했고, 멀리서 사진으로 셋째를 맞이하는 것에 만족해야 했다. 아내는 무통분만보다는 '유통분만'이 확실히 낫다고 다시 강조했다.

　　프랑스 정부가 2018년에 발간한 출산 보고서는 프랑스 산모의 제왕절개 수술 비율이 2016년 현재 대략 20.2퍼센트로 2010년부터 비슷한 수치를 유지하고 있다고 밝혔다. 그 가운데 60퍼센트는 분만 과정에서 산모나 아기의 건강이 위급한 상황에서 이뤄지고, 나머지는 수술이 예정된 상태에서 의학적 이유로 진행된다. 이두 가지 외에 의학적 이유가 없음에도 산모가 원하는 경우는 대략 1퍼센트 정도다.

80퍼센트에 가까운 자연분만 중 35퍼센트는 산통을 줄이기 위한 의학적 처치를 하지 않는 것으로 나타났다. 이전 보고서(2010년, 14.3%)에 비해 배 이상 많아진 수치로 유통분만 비율이 그만큼 늘었다는 말이다. 아내도 이 경우에 속한다. 통증을 줄이기 위한 비의학적 처치로는 걷기, 자세 고치기, 최면, 침 요법 등이 있다고 보고서는 설명했는데, 우리는 최면술을 뺀 세 가지 방법을 네 번째 출산에서 직접 경험했다.

아내는 셋째가 태어난 지 이미 5년이 지난 상황에서 넷째를 가졌다. 시간이 많이 지난 터라 우리 둘 모두 첫 임신 때와 비슷할 정도로 육아와 출산에 대해 캄캄했다. 서울 생활을 접고 정착한 블루아에서 처음부터 다시 시작이었다.

아내는 이전 세 번의 임신보다 더 조심스러웠다. 아마 나이 때문이었을 것이다. 원만한 분만을 위해 조산사와 정기 상담 절차도 진행했다. 이전에는 이용하지 않았던 옵션이다. 비용이 약간 있지만 부담스러울 정도는 아니었다. 조산사와의 상담은 아내 혼자 하기도 하고, 가끔 부부가 함께 진행하기도 했다. 유통분만을 전제로 한 교육들이 이뤄졌다.

나는 두 번 참여했는데, 분만실에서 어떻게 아내를 돕는지 등을 배웠다. 조산사는 아내의 등과 허리 부분을 마사지하는 법을 가르쳐줬다. 처음엔 아이를 세 번이나 낳아본 사람에게 이런 걸 하는 게 새삼스럽게 생각됐다. 넷째를 낳기 전까지 그렇게 생각했는데 분만 과정을 거치면서 교육의 필요성을 이해하게 됐다.

아내는 진통이 심해지기 전에 분만실 안에서 이리저리 걸었다. 자궁 문이 생각처럼 빨리 열리지 않자, 조산사가 발 부분에 침을 맞겠냐고 권유했다. 진통이 상당 부분 진행됐을 때는 내가 조산사에게 배운 마사지를 했다. 아내는 대형 요가볼 위에 비스듬히 앉아 골반이 최대한 자연스럽게 열리도록 자세를 취했고, 나는 틈나는 대로 등과 허리를 마사지했다.

정부 보고서에서 분만을 촉진시키기 위한 비의학적 처치의 예시라며 등장한 네 가지 중 세 가지를 다 시도했다. 아내를 마사지하며 밀착되다 보니 아내의 산통 리듬에 따라 나도 호흡이 가빠졌다. 아내는 나중에 "마사지가 큰 도움이 됐다."고 말했다. 셋째 때만 빼고 매번 분만실에서 모든 과정을 함께했지만, 의료진이 다 했지 남편인 나는 크게 도움이 되지 않는다고 생각했다. 제삼자 또는 꿔다놓은 보릿자루처럼 느껴져 약간 불쾌함마저 느껴지기도 했었다. 그런데 아내의 그 한마디가 내게 큰 힘이 됐다. 뭔가 쓸모 있는 일을 한 것 같았다.

넷째가 세상에 나온 뒤 의료진이 내게 물었다.

"탯줄 자르시겠어요?"

"아니오."

이번에도 탯줄은 자르지 않았다. 이전과 다른 점이라면 자발적으로 거부했다는 사실이다. 탯줄을 자르는 것보다 아내와 고통을 함께하는 게 더 중요했기 때문이다. 아내가 유통분만을 또 한다면 보조를 더 잘할 수 있을 것 같은 자신감이 들었지만 이제 그럴 일은 없을 것이다.

나를 어른으로 만드는 아이들
아버지를 위한 피정에서 얻은 것들

블루아 교구에서 실시한 1박2일짜리 아버지를 위한 피정에 다녀왔다. 매년 가을에 열리는 연중행사인데 지난해에 이어 두 번째로 참가했다. 블루아 인근 수도원에서 1박을 하며 이틀 동안 20~30킬로미터를 걷는 일정이었다. 함께 기도를 하고 짬짬이 피정 담당 사제의 강의를 듣거나 함께 토론을 했다. 짧지만 얻는 게 적지 않은 것 같아 올해도 다녀왔다.

지난해 피정을 통해 내가 얻은 건 정신적인 여유만이 아니었다. 프로그램에 포함된 트레킹 총거리가 40킬로미터로 꽤 많이 걸었는데, 일정을 마친 뒤 내 몸에 이상이 있다는 사실을 알게 됐다. 골반과 왼쪽 다리뼈가 만나는 지점에 통증이 너무 심해 첫날 트레킹이 끝날 즈음에는 거의 기다시피 할 정도였다. 60대 이상 참가자들도 아무렇지 않은 걸 보면서 내 다리가 정상이 아니라는 판단을 했다.

주치의 르루아 선생은 내 이야기를 듣더니 여느 때처럼 '글쎄요' 하는 표정으로 "그럼 엑스레이를 일단 찍어볼까요?"라고 말하며 진단서를 끊어줬다. 며칠 후 엑스레이를 찍고 결과를 받아보니 놀라움을 감출 수 없었다. 내 오른쪽 다리가 왼쪽 다리에 비해 1.4센티미터나 짧다는 것이었다. 14밀리미터는 비전문가인 내가 엑스레이를 봐도 금방 확인될 만큼 큰 차이였다. 나는 40년 넘게 이런 사실을 모르고 살았다.

르루아 선생은 엑스레이 결과를 보고는 다시 족 전문 치료사에게 보내는 진단서를 써줬다. 치료사는 내 신체구조에 맞는 특수 깔창을 만들었고, 1년 전부터 그 깔창을 사용 중이다. 피정을 통해 마음의 평화와 함께 몸의 안녕까지 얻게 된 것이다. 이번 피정은 일상생활에서는 완벽한 특수 깔창이 오래 걷기에도 효력을 발휘하는지 시험해볼 기회이기도 했다.

올해도 스무 명 남짓한 아버지들이 피정에 참가했다. 우리는 비가 보슬보슬 내리는 아름다운 중부 프랑스의 넓은 들판과 숲을 가로지르며 무사히 트레킹을 마쳤다. 거리는 20킬로미터로 지난해

아버지의 권위는 위에서 찍어 누르는 힘에서 나오는 게 아니라,
아이가 잘 자랄 수 있게 지지하고 묵묵히 밀어줄 때 저절로 생기는 것이다.
즉 아버지의 역할은 아이들에게 믿음을 주는 것이다.

에 비해 많이 줄어서 내심 다행이라고 생각했다. 행사 안내와 접수를 알리는 메일을 받고는 지난해와 비슷하게 40킬로미터를 걷는다면, 올해는 그냥 포기해야 할까 망설이기도 했다.

걷는 내내 왼쪽 다리의 통증에 집중했는데 끝날 때까지 지난해 같은 통증은 없었다. 깔창의 효과가 확실했다. 사정이 이렇다 보니 아무리 느리고 답답한 반응을 보여도 '르루아 선생 만세!'를 아니 부를 수가 없다.

사실 지난해 나를 걷게 만든 장본인은 아내였다. 참가자들과 걷다가 잠시 쉬는 시간에 자기소개를 했는데, 나는 "아내의 매우 강력한 조언을 받아들여 피정에 참가했다."고 말해 다른 사람들의 웃음을 자아냈다. 그 웃음은 비웃음일 수도 있었다. 프랑스 남성들에게 은근히 마초 기질이 있다는 걸 나도 충분히 알고 있다.

올해 만난 대부분의 참가자가 지난해에도 온 사람들이었다. 룸메이트였던 엠마누엘은 나를 잊지 않고 썩은 유머를 날렸다.

"올해도 아내가 떠밀었나?"

그는 지난해 트래킹이 끝나고 네 발로 방에 기어들어가던 내 상태를 눈으로 확인한 유일한 사람이다. 그가 상비약으로 챙겨온 진통제 하나를 얻어 삼킨 뒤에야 잠들 수 있었다.

"올해는 매우 자발적으로 왔다."

나는 당당하게 말했다. 걸으면서 기도하는 것도 좋지만, 깔창

성능을 알아보기 위해서도 왔다는 말은 따로 덧붙이지 않았다.

그런데 이런 구구절절한 이야기들이 이번 피정에서 하나도 중요하지 않게 돼버렸다. 바로 이튿날 아침에 있었던 신부의 강의 탓이다. 참가자들이 모두 아버지였던 만큼 강의의 주제도 아버지의 역할에 대한 것이었다. 신부는 성경에 등장하는 예수의 아버지 요셉의 삶과 태도로 보는 아버지의 역할, 프란치스코 교황의 아버지론 등을 소개했다. 그는 현대 사회에서 아버지 되기의 어려움을 표현한 프랑스 작가 샤를 페기Charles Péguy의 말을 인용했다.

"이 세상의 진정한 모험가는 아버지밖에 없다."

전날의 피곤과 일요일 아침의 나른함이 교차하면서 살짝 졸음이 몰려올 무렵, 귀를 쫑긋 세우게 하는 말이 들렸다. 신부가 '권위'라는 뜻의 프랑스어 autorité의 어원에 대해 설명할 때였다. 같은 뜻의 라틴어 auctoritas는 augere라는 동사에서 유래하는데, 이 동사의 뜻은 키우다, 발달시키다, 자라게 하다 등이다. 그래서인지 라틴어 auctoritas에는 권위나 권력 외에 지지, 후원, 보장, 보증 등 프랑스어 autorité에는 없는 뜻이 숨어 있었다.

정리하자면, 아버지의 권위는 위에서 찍어 누르는 힘에서 나오는 게 아니라, 아이가 잘 자랄 수 있게 지지하고 묵묵히 밀어줄 때 저절로 생기는 것이라는 말이었다. 아버지의 역할은 아이들에게 믿음을 주는 것이다. 난관에 부딪힌 아이에게 굵고 권위에 찬 목소리로 "겁먹지 말라."라고 말하는 게 아니라 "네가 겁먹은 거 당연한 일이고, 다 이해해. 하지만 이겨낼 수 있다는 믿음을 가져." 라고 말할 수 있어야 한다는 것이다. 절대자에 대한 믿음으로, 예수의 아버지 되기를 수락한 요셉은 그 믿음을 아들에게 고스란히 전달해줌으로써 아버지의 역할을 다한 것이라고 그는 설명했다. 아버지인 우리가 요셉에게 배울 점도 아이들에게 그러한 믿음을 줄 수 있는가 하는 지점이었다.

강의를 들으며 자연스럽게 최근 나를 힘들게 하는 셋째의 행동과 그에 반응하는 일차원적이고 즉각적인, 다소 폭력적이기까지 한 내 태도를 떠올렸다. 세 살 터울 남자형제인 셋째와 둘째가 티격태격한 건 어제오늘 일이 아니지만, 개학 이후 셋째는 부쩍 야성을 드러내고 있었다. 예를 들어 둘째와 다투다가 끝까지 도발을 해서 참다못한 둘째가 끝내 폭력을 쓰면 셋째도 지지 않고 맞받아치다 결국 둘 다 우는 것으로 마무리되거나 나에게 꼬박꼬박 말대답을 하다 대성통곡하며 끝이 난다.

어떤 경우가 됐든 결국 집안 분위기는 축 처지고 만다. 개학 초기에는 아이들이 개학 컨벤션 효과로 약간 붕 떠 있는 상태여서 그런 걸로 이해했다. 그런데 개학 후 한 달이 지나가는 시점까지도 개학 초기와 크게 다르지 않았다.

누군가는 넷째가 태어난 뒤 가족 내 서열이 재편되는 과정에서 셋째가 자기 자리를 각인시키기 위해, 무의식적이지만 본능적으로 거칠고 튀는 행동을 한다고 말하기도 한다. 부모의 관심과 사랑을 더 받기 위해서 말이다. 동생이 생기면 보이게 마련인 퇴행 현상의 일종이라는 것이다. 생각해보면 셋째가 태어난 이후 둘째도 3년 넘게 퇴행 현상을 보였으니, 넷째가 태어난 지 2년도 되지 않은 지금 셋째의 경우는 한창 진행 중이라고 보는 것도 이상하지 않다. 이래저래 셋째의 요즘은 꽤 다이내믹하다.

이런 내 진단을 확인시켜주는 일이 기어이 벌어졌다. 하굣길 교내 공터에서, 평소에는 눈인사만 짧게 하고 셋째의 손을 건네주던 담임교사가 마스크 너머 눈짓으로 나를 불러세웠다. '슬픈 예감은 틀린 적이 없다'는 이승환의 노랫말처럼 담임은 뭔가 할 말이 있다는 듯 상체를 내 쪽으로 기울였다.

담임 교사인 게델 선생님은 셋째의 학업 수준은 전혀 문제가 없는데, 요즘 수업 태도가 너무 안 좋다고 했다. 아무 때나 일어나려 하고 주의를 줘도 같은 실수를 반복한다고 했다. 다만 주의를 줬을 때 아차 하는 표정을 짓는 걸 보면 자신도 해선 안 될 행동을 하고 있다는 걸 인지하는 것으로 보인다고 했다.

'올 게 왔구나'라는 생각을 했다. 집에서도 자주 보는 행동과 반응이어서 교실 상황이 대충 그려졌다. 셋째는 최근 들어 식사를 하면서도 자꾸 자리에서 일어나 식탁 주위를 돌아다니고, 앉으라고 말하면 대꾸를 하곤 했다. 두세 번 정도는 나도 평소 톤으로 이야기를 하는데 그 이상이면 제어 기능을 상실하기도 한다.

이렇게 아이들이 내 뜻대로 되지 않을 경우 나오는 내 행동을 최대한 제삼자 입장으로 관찰해보면, 주로 소리를 크게 내거나 윽박지르는 스타일이다. 아이에게는 굉장한 스트레스가 될 것이다. 어떻게든 폭력을 쓰지 않으려 참다 보니, 분출할 수 있는 방법이 목소리여서 그런 게 아닐까 싶다. 이 부분에서 신부의 강의 내용, 즉 권위의 어원과 그 참뜻에 대해 생각하게 된 것이다.

권위는 아버지의 덩치가 아이보다 월등히 크다는 이유로, 힘이 세다는 이유로, 목소리가 크다는 이유로, 말을 조리 있게 한다는 이유로 생기지 않는다. 정말 내 행동에 대해 뼈저린 반성을 했다. 전업주부로 지내면서 육아 스트레스를 받다 보니 참을성이 전보다 줄었다는 건 핑계에 불과하다. 분명 더 어른스럽게 반응할 수 있었다. 또한 그 과정에서 셋째를 향한 지지와 믿음의 감정이 지속적으로 유지됐는지도 중요한 문제였다. 셋째의 행동을 변화시키려면 내가 먼저 바뀌어야 한다는 걸 깨닫는 순간이었다. 어쨌든 셋째에게 필요한 것은 부모의 관심과 사랑이었다.

담임에게 물었다.

"선생님, 셋째의 행동을 변화시키기 위해 제가 집에서 할 수 있는 게 뭐가 있죠?"

"명상의 시간을 가져보세요. 아무것도 하지 않고 조용히, 일정한 시간 동안 가만히 있는 연습 말이죠. 그래야 다른 사람의 이야기를 들을 수 있으니까요."

그날 학교에서 돌아와 나와 둘째, 셋째, 이렇게 세 남자가 거실에 앉아 명상의 시간을 가졌다. 처음부터 너무 과한 침묵이 부담스러울까 봐 자장가 메들리를 배경음악으로 깔았지만 쉽지 않은 과제였다.

원래 조용한 성격의 둘째는 그런대로 버텼지만, 셋째에게는 자장가 한 곡이 끝나는 정도의 시간도 힘들어 보였다. 셋째도 셋째지만, 나를 변화시키기 위해서라도 하루에 몇 분 정도는 명상의 시간을 가져야겠다고 다짐했다. 그렇게 조용히 눈을 감고 있으면 셋째가 진짜로 원하는 게 들릴지도 모른다. 아, 다시 한 번 아이들은 내 거울이자 내 학교라는 생각을 하게 된다. 나를 낳아 길러준 것은 내 부모이지만, 나를 어른으로 만드는 건 내 아이들이다.

마법의 단어가 구하리라
말이 많아지는 아이들로 길을 잃는 아빠

요즘 넷째는 옹알이를 넘어 뭔가 의미 있는 말들을 쏟아낸다. '두두(애착인형)', '까까(대변)', '가또(과자)', '들로(물)' 같은 일차원적 단어뿐 아니라 이제 "우 에 마망(엄마 어디 있어)?" 같은 문장도 구사한다. 그 가운데서도 고차원적인 문장은 따로 있다. 그것은 "에씨, 빠빠"이다.

한국 사람들이 화나거나 뭔가 불만스러운 상황에서 무의식적으로 뱉는 그 '에이씨'가 아니라 나에게 고맙다고 할 때 쓰는 말이다. '메르씨, 빠빠(아빠 고마워요)'의 아기용 버전인 것이다.

막 걸음마를 뗀 만 18개월 아이가 엄마, 아빠를 비롯한 타인에게 고맙다는 말을 하는 게 자연스러운 일일까? 또래 한국 아이들의 언어습관을 잘 몰라서 단정할 수는 없지만 그렇게 일반적인 경우는 아닌 것 같다. 그런데 넷째가 "에씨"라고 말하는 건 저절로 배운 게 아니다. 두두나 까까는 시간을 내서 가르쳐준 적이 없지만, '메르씨'는 하루에도 몇 번씩 가르친다.

한국에서도 '가는 말이 고와야 오는 말이 곱다'거나 '말 한마디로 천 냥 빚을 갚는다'는 속담처럼 상대방을 배려하는 화법의 중요성이 강조된다. 하지만 만 두 살도 안 된 아이에게 예의를 가르치는 건 아무래도 좀 이른 게 아닌가 싶기도 하다.

프랑스에서는 상대에게 예의를 갖출 때 하는 표현을 아이들 용어로 '모 마직(마법의 단어)'이라고 한다. 우선 '고맙습니다'라는 뜻의 메르씨가 있고, 이와 쌍벽을 이루는 예의 표현으로 '실뜨쁠레'가 있다. 뭔가를 부탁할 때 덧붙이는 관용구로, 평범한 문장에도 이 단어를 붙이는 순간 공손함이 자동으로 장착된다. 여기에 '미안하다'는 의미의 '빠르동'까지 합해 세트 메뉴처럼 취급된다.

일상생활에서 워낙 자주 쓰는 표현이어서, 그만큼 예의를 갖춘 표현에 대한 훈련이 된다. 예를 들어 아이들과 밥을 먹는데, 내 앞에 있는 물병이 너무 멀면 첫째는 이렇게 말한다.

"물병 주세요, 실뜨쁠레."

셋째가 엄마에게 "엄마, 소금통!"이라고 말하면 아내는 십중

팔구 들은 척도 하지 않는다. 셋째는 다시 한번 "소금통!"이라고 할 것이고, 아내는 "모 마직이 없는데?"라고 대답할 것이다. 셋째가 "소금통 주세요, 실뜨쁠레."라고 고쳐 말하면, 소금통을 건네주며 아내가 셋째의 눈을 쳐다본다. 셋째가 아내의 손에 있는 소금통을 받으려고 할 때 아내는 손에 힘을 주면서 소금통을 놓지 않는다. 아무리 힘으로 빼앗으려 해 봐야 소용없다. 아내는 다시 한번 "모 마직!"이라고 말한다. 셋째는 그제야 알아차리고 "메르씨, 마망(고마워요, 엄마)"이라고 답한다.

만약 둘째가 식탁 위에 놓인 후추통을 가져가려는데 내 앞을 지나 손을 뻗어야 한다면 반드시 "빠르동"이라며 양해를 구한다.

세 가지 세트 메뉴에 플러스 투가 추가된다. 만났을 때와 헤어질 때 하는 인사, "봉주르"와 "오르부아"이다. 부모의 친구들, 즉 다른 어른을 만났을 때 아이들은 새로 만난 어른들을 보며 큰소리로 "봉주르, 무슈(또는 마담)."라고 인사하는 게 예의다.

셋째에게 '실뜨쁠레'가 익숙하지 않았던 것처럼, 모르는 어른에게 인사하는 건 쉬운 일이 아니다. 아이들이 "봉주르" 대신 엄마나 아빠의 다리 사이로 들어가 몸을 배배 꼬면, 부모는 "자 인사해야지"라면서 아이의 등을 떠민다. 그리고 쭈뼛쭈뼛 나서는 아이의 귀에 "눈 똑바로 쳐다보고"라는 말을 속삭인다.

사실 '봉주르'는 어른인 내게도 쉽지 않은 언어습관이다. 내가 만약 길을 가다가 모르는 사람에게 "여기 우체국이 어디죠?"라고 묻는다면, 조금 까칠한 프랑스 아줌마들은 "저쪽 모퉁이를 돌아서 왼쪽으로"라고 설명해주기 전에 "'봉주르'도 안 하네?"라고 지적질을 할지도 모른다. 그러면 나는 황급히 "아, 맞다. 봉주르 마담, 우체국 어디인지 아세요?"라고 다시 물을 것이다. 한국이라면, 대화를 시작할 때 "저기요"라는 표현으로 대충 얼버무릴 수도 있겠지만 예의 표현에 대한 프랑스인들의 강박은 인사를 생략하도록 내버려두지 않는다.

프랑스인이 아이들에게 특별히 언어 예절을 강조하는 이유는 무엇일까. 이 문제에 대해 확립된 학설 같은 건 없지만 대개는 어른들의 필요에 의해서라는 의견이 우세하다. 어른 입장에서 예의 바른 어린이를 보는 게 훨씬 기분 좋은 일일 테니 말이다. 버릇없는 아이들 앞에서는 다소 불편해지는 게 인지상정이다. 심지어 친권에 대해 설명하고 있는 프랑스 민법 371조는 "자녀는 나이에 상관없이 부모에게 예의를 차리고 존경해야 한다."고 못 박아놓았다.

우리가 일상에서 보이는 행동양식도 예의 바른 아이에 대한 환상을 벗어나지 못한다. 아이들이 초대를 받아 친구 집에 가는 날이면 집을 나서는 아이를 현관에 세워두고 강조해서 이야기한다.

"친구 집에 가서 어른들 만나면 큰소리로 눈을 쳐다보면서 인사해. 실뜨쁠레, 메르씨, 빠르동, 잘하고! 밥 먹고 나면 네 접시는 직접 치우고, 뭐 도와줄 것 없는지 묻는 거 잊지 말고……."

반대의 경우도 마찬가지다. 아이들 친구가 우리 집에 오면, '모마직'을 얼마나 잘하는지 유심히 살피게 된다. 그리고 맘에 들게 잘하는 아이를 봤을 때, 아내와 나는 "그것 봐. 그 집 부모들이 애들한테 잘하더라니까."라며 입을 모은다.

그러니까 예의 바른 어린이가 되는 건 부모의 필요에 의한 것이라는 주장을 우리 스스로 증명하는 셈이다. 우리 아이들이 다른 사람 눈에 예의 바른 어린이로 비치면 결국은 부모인 우리가 칭찬을 받는 구조인 것이다. 그래서 아이들의 예의 문제는 어른들 일이지 아이들 일이 아니라는 것도 일리가 있는 말이다.

아이들이 남 앞에서 예의 없는 행동을 했을 때 즉시 또는 아이와 단 둘이 있는 상황에서 부모가 길길이 뛰는 것만 봐도 그렇다. 그런 아이의 행동이 창피하고 불편한 건 부모들이지 아이가 아니다. 그럼에도 우리는 이런 본질적인 이유를 감춘 채 아이들이 보다 사교적인 인간이 되길 바라는 마음에 예의를 갖춰야 한다고 말하곤 한다. 그리고는 예의를 갖춘 사람이 더 자연스럽게 사회에 동화될 수 있으므로 아예 틀린 말은 아니라며 자위한다.

프랑스인의 과도한 예의 표현은 프랑스 사회에서도 종종 지적을 받는다. 예의 충만한 문명인이라는 걸 보여주기 위해 남발하는 '모 마직'은 코미디 소재가 되기도 한다. 유명 배우이자 코미디언인 가드 엘말레도 이런 프랑스인들의 모습을 우스꽝스럽게 풍자한다. 한 스탠드업 코미디에서 그는 하루에도 수십 번씩 영혼 없는 메르씨와 빠르동, 봉주르를 입에 달고 사는 프랑스인들을 희화화했다.

그는 엘리베이터에 탄 한 프랑스인이 끊임없이 예의를 갖춘 표현을 남발하는 모습을 과장 섞인 몸짓으로 연기한다.

"안녕하세요. 죄송합니다. 잠시만요. 뭐라고요? 2층요? 감사합니다. 좋은 하루 보내세요. 안녕히 가세요. 다음에 또 뵙죠. 감사합니다. 죄송해요, 웁스!"

겨우 두 개 층을 이동하는데 열 번도 넘는 인사를 한다.

프랑스인은 길을 걷다 전봇대에 부딪혔을 때조차 전봇대에게 "빠르동!"이라며 양해를 구한다는 우스개가 있을 정도다. 무의식적으로 '모 마직'이 튀어나온다는 말인데, 그렇다면 프랑스인들의 그 수많은 '봉주르'들도 딱히 상대방을 존중해서라기보다 입에 붙어서 그냥 하는 인사일 뿐일까? 이쯤 되면 격식의 과잉이라는 말이 과하게 들리지 않는다.

프랑스인들에게 '육아의 교과서'로 추앙받는 아동심리학자 프랑수아즈 돌토가 이 주제와 관련해 이런 말을 남겼다.

"아이들은 우리보다 훨씬 더 진실합니다. 우리 어른은 아무런 감정 없이 '고맙다'거나 '미안하다'는 말을 합니다. 우리 중에 가로등 기둥에 부딪히면서 '미안해'라고 말해보지 않은 사람이 있습니까? 아이들에게 말은 그 자체로 의미를 가지고 있습니다. 본능적으로 말하자면, 아이들은 자신과 무관한 어떤 존재에게 '봉주르'라고 말하지 않는 게 맞습니다."

딜레마가 아닐 수 없다. 아이들이 예의를 갖춘 표현을 하는 건 부자연스러운 현상이므로 인사나 존댓말을 건너뛰더라도 부모가 개입해서는 안 된다는 것인가. 그렇다면 혹시 아이들이 '모 마직'을 잊는 경우가 있더라도 화내지 않기, 그리고 어른인 부모가 스스로 행동으로 보여주기 정도 외에는 우리가 할 수 있는 게 없을 것 같다. 우리에게 필요한 건 보다 너그러운 자세와 상황에 따라 아이들 앞에서 보여줄 수 있는 다양한 종류의 마법의 단어인 것이다.

확실히 프랑스인의 언어습관은 외국인인 내가 적응하기 쉽지 않다. 프랑스어 생활을 20년 넘게 하고 있는데도 낯선 사람을 만났을 때 "봉주르"가 자동으로 튀어나오지 않는 경우가 그런 맥락이다. 넷째는 이제 말을 배우는 시기여서 기껏해야 '모 마직'이지만, 아이들이 나이를 먹을수록 아이들의 언어습관과 내가 느끼는 갭은 더 커져만 간다. 특히 이성의 나이에 가까워지고 있는 셋째가 하는 말들을 가만히 듣고 있노라면 가끔 기가 막힐 때가 있다. 식사 시간에 이야기를 나누다가 아이들이 서로 말을 하려고 다투는 모습은 아이들이 많은 집에서 흔히 있는 광경이다.

셋째는 주로 듣는 입장이었지만, 이제 어엿한 초등학교 1학년이 됐으니 본인도 할 말이 많아졌다. 셋째가 열을 올리면서 어떤 이야기를 하고 있는데 잠시 머뭇거리는 사이 형이나 누나가 치고 들어오는 수가 있다. 그럴 때 셋째는 포효하듯 소리친다.

"Ne coupe pas ma parole(내 말 좀 끊지 마)!"

어른들의 대화에서도 종종 들을 수 있는 말이다. 특히 열띤 토론이 벌어지는 자리에서 빈번하게 등장한다. 일단 끝까지 들어보고 반론을 펼치라는 뜻이다.

셋째가 요즘 자주 하는 말 중 "Oui, mais(맞아, 그런데)⋯⋯"라는 표현 역시 토론에서 종종 사용된다. 상대의 말에 대해 일단 인정을 하고, 자신의 주장을 이어갈 때 요긴하게 쓰인다. 셋째는 우리의 요구를 이해는 하지만, 당장은 하기 싫을 때 이런 표현을 한다. 예를 들어 내가 방에 있는 장난감을 치우라고 하면 쉽게 들을 수 있다.

"Ce n'est pas juste(그건 공정하지 않아)!"는 또 어떤가. 공정성과는 별로 상관이 없는데도 본인이 억울하거나 불리하다고 느낄 때면 곧잘 사용한다. 세 살 위인 형이 본인보다 더 큰 자전거를 타는 건 공정의 문제가 아니라 발육이나 체격의 문제인데도, 가끔 형의 자전거를 보며 그런 말을 내뱉는다.

아이들의 언어습관에서 일반적인 프랑스인들의 인식이나 말하는 방식을 어렴풋이 들여다볼 수 있다. 특유의 잘난 척과 무책임함이 뒤섞인 프랑스인들의 모습을 대변하는 문장이 아이들의 입에서 터져 나올 때면 내가 인내심을 잃는다.

"Ce n'est pas de ma faute(그건 내 잘못이 아니잖아요)!"

첫째에게 자주 들었던 이 말을 아이들이 커가면서 둘째에 이어 셋째까지도 쏟아놓는다. 뭔가 궁지에 몰린 상황이 오면 변명처럼 내뱉는 말이다.

원래 실수는 티끌 같은 것이어서 혼내려는 의도가 전혀 없었는데, '내 잘못이 아니'라는 그 말을 듣는 순간 나의 바닥을 보게 만든다. 그런데 주의 깊게 살펴보면 프랑스인들 사이에서 광범위하게 자주 쓰는 표현이란 걸 알 수 있다. 물론 어른을 포함하여.

언젠가 어린이집에 낼 월 보육료를 수표에 써서 우편으로 보냈는데, 3주가 지나도록 도착하지 않아 다음 달 고지서에 두 달 치가 합쳐 나온 적이 있었다. 계좌를 확인해보니 역시나 수표의 출금 처리가 안 돼 있었다. 배달사고이지만 누군가가 수표를 가로챈 것은 아니었다. 이미 발행한 수표를 정지시키고, 새로 수표를 써서 보내려고 은행에 전화했더니 담당자는 정지 비용이 15유로 정도

발생한다고 했다. 내 잘못도 아닌데, 1~2유로도 아니고 그렇게 많은 수수료를 내야 한다는 것이 어이없어 투덜거렸다. 담당자는 내 말이 끝나기도 전에 쏘아붙이듯 짧게 답했다.

"은행 잘못이 아니잖아요."

할 말을 잃었다. "내가 은행 잘못이라고 한 게 아니잖아. 수수료를 덜 낼 수 있는 다른 방법을 안내해줄 수도 있잖아. 당신 월급을 내가 주는데 응대를 그렇게밖에 못하냐?"라고 말하고 싶었지만 쓸데없는 곳에 에너지를 소진시키고 싶지 않았다.

결국 전화를 끊고 다른 담당자에게 문의해 수표 정지 서비스가 포함된 보험을 드는 것으로 해결했다. 이런 일을 당하고 나면 그 담당자의 재수 없는 말투가 귓가에 맴돌면서 며칠 동안 나를 괴롭힌다.

모국어가 아닌 언어를 사용하며 외국에서 사는 일은 겉에서 보는 것보다 훨씬 피곤한 일이다. 심지어 가족과 대화할 때도 그들이 한국어를 사용하지 않는다면 잘 쫓아가다 길을 놓쳐 어느 순간 혼자 안드로메다에서 헤매곤 한다. 아이들이 구사하는 문장이 다양해지고, 만나는 사람이 많아지고, 하루 일과가 복잡해질수록 내가 안드로메다로 가는 일이 더 잦아질 것이다. 세상은 복잡다단한 것이어서 '모 마직' 몇 개로 마법처럼 뚝딱, 해결되지는 않는다.

나는 운이 좋은 아빠다
프랑스의 출산율이 높은 이유

파리 사람들의 주차 실력은 알아준다. 일렬 주차방식이 주를 이루는 파리 시내 가두 주차장 시스템에서 살아남기 위해서는 필수적인 생존 요건이다. 아무리 좁은 공간이라도 차 한 대 길이를 살짝 넘기기만 하면 일단 넣고 본다. 쑤셔 넣는다는 표현이 전혀 과하지 않다. 이 경우 범퍼는 문자 그대로의 범퍼로 사용된다. 뒤차를 범퍼로 살짝 밀고, 앞차를 범퍼로 죽 밀어서 어떻게든 주차를 해내고야 만다.

언젠가 파리에 온 조카가 놀란 적이 있다.

"삼촌, 벤츠에 닿았어요."

"범퍼에 닿기 싫으면 주차장에 넣어야지, 범퍼는 닿으라고 있는 거야."

내 사고방식이 특별한 게 아니라 일반적인 파리지앵들의 인식이 그렇다. 물론 한국에서 이렇게 했다가는 곤란한 상황에 처하게 되므로, 인천공항에 내리는 순간 잠시 접어두어야 할 습관이다.

차를 가지고 시내에 갈 때면 아내는 종종 "넌 정말 운이 좋아." 라고 말한다. 전혀 없을 것 같은 주차 자리가 어떻게든 생기는 걸 보며 하는 말이다. 그것도 목적지에서 꽤 가까운 곳에. 그럴 때 난 아내에게 주차는 실력보다 운이 중요하다고 말하곤 한다. 목적지에 가깝게 가지 않으면 목적지에서 가까운 자리를 얻을 수 없다. 자리가 나올 만한 장소에서 조금 버티거나 외진 곳을 돌다보면 자리는 나오게 마련이다. 그러니까 운도 어느 정도는 만들어지는 면이 있다.

서울도 비슷한 어려움이 있지만, 파리 역시 어린이집 자리를 구하기 힘든 것으로 유명하다. 젊은 부부들이 많아서 도시 내 유아 인구수가 보육시설의 수용 한도를 넘어서기 때문이다. 첫째가 어린이집에 들어간 것은 거의 기적 같은 일이었다. 그때 주변 사람들은 우리가 운이 좋다고 입을 모았다.

맞벌이 부부의 경우, 아이를 임신하면서 어린이집 신청도 함께한다는 사실을 우리는 나중에 알았다. 늦어도 한참 늦었다는 얘

기다. 그래도 모르는 일이니 신청이나 해놓고 가라는 구청 직원의
말에 3지망까지 또박또박 적어서 신청서를 제출했다. 1지망 어린
이집은 집에서 도보로 5분 거리였는데, 설명을 들어보니 아예 희
망이 없진 않았다. 대기 리스트에 이름이 있는 사람들도 계속 기다
리기만 할 수 없어서 도중에 다른 육아방법을 찾는 경우가 있다.
그러니 리스트 아래쪽에 있다고 실망할 게 아니라 정기적으로 어
린이집에 전화를 하거나 찾아가 '우리 아이를 어린이집에 보내고
싶어요'라는 신호를 보내는 게 중요하다고 했다.

당시 아내는 대학원에 다녔고 나는 재택근무를 하고 있어서
일과시간 동안 첫째 육아는 온전히 내 몫이었다. 첫째를 유모차에
태우고 자주 센 강변을 산책했는데, 가고 오는 길에 어린이집에 들
러 세상 가장 불쌍한 표정을 지으며 말했다.

"좋은 소식 있나요? 저희는 아직 자리가 나기를 기다리고 있
답니다."

신호를 너무 세게 보냈는지 어린이집 직원이 볼멘소리를 할
정도였다.

"2주일에 한 번 정도만 알려주셔도 돼요."

첫째가 태어난 해 12월, 아이가 만 9개월이 되던 시기에 성탄
절 방학을 맞아 처가에 가고 있는데 어린이집에서 전화가 왔다.

"1월 개학 때부터 루미를 어린이집에 보낼 수 있어요. 의향이

있으세요?"

우리 부부에게 그보다 큰 성탄절 선물은 없었다. 내가 운이 좋은 건 틀림없는 사실이지만, 산책길에 들러 얼굴을 내미는 수고를 하지 않았다면 그 자리가 우리의 몫이 안 됐을 수도 있다.

편의상 어린이집이라고 했지만 한국 어린이집과는 조금 다르다. 0세부터 2세까지 유아들의 보육시설인 크레쉬crèche는 여러 영유아 보육정책 중 하나다. 3~5세는 3년제 유아원에, 6세부터는 초등학교에 입학하는 것이다. 어린이집에 아이를 맡길 수 없는 사람들은 사설 보모에게 맡기고 국가에서 보조금을 받는다. 이 경우 보모는 시청 등에서 소정의 교육을 이수하고 공식 인증을 받은 사람이라야 한다. 보모의 집에서 아이를 데리고 있는 것이어서 각자 사정에 따라 아이 한 명만 받을 수도 있고, 여러 명을 동시에 받을 수도 있다. 대개는 세 명 정도를 받는다.

사설 보모에게 맡기는 것도 자리가 한정돼 있어서 그도 여의치 않을 때는 아예 보모를 채용하고, 역시 국가 보조금을 받을 수 있다. 영유아를 키우는 일에 국가가 어떤 식으로든 도움을 주겠다는 의지를 정책으로 보여주는 것이다. 이 모든 정책 중 가장 저렴하고 간단한 것이 어린이집 입소다.

그런데 똑같은 어린이집에서 똑같은 대우를 받아도 부모의 수입에 따라 다른 비용을 지불한다. 보통 예닐곱 단계로 나뉘는데, 최저소득층과 최고소득층의 차이가 최대 서너 배까지 난다. 지난해와 올해 우리의 사례가 이 정책을 고스란히 설명해준다. 지난해의 경우 그 전해 소득이 별 볼 일 없어서 가장 낮은 단계의 양육비를 냈는데, 올해는 지난해 소득 자료가 잡히면서 세 배도 넘는 금액을 내고 있다. 물론 서비스의 질은 같다.

대표적인 사회주의식 정책인데 어린이집 외에도 시에서 운영하는 공공기관들은 대부분 이런 식으로 요금체계가 차등 적용된다. 그런데 비용체계의 높은 단계에 속하는 사람들도 대부분 사설 보모에게 맡기거나 보모를 따로 채용하기보다 어린이집을 선호한다. 단체생활을 통해 사회성을 기를 수 있기 때문일 것이다. 이런 상황에서 어린이집 신청도 늦었던 우리에게 차례가 돌아온 건 정말 운이 좋은 일이었다.

첫째를 어린이집에 두고 오던 날이 지금도 생생하다. 우리는 기대 반 우려 반 심정으로 9개월 된 첫째를 사회 속으로 밀어 넣었다. 첫째는 일주일 정도의 적응기를 거쳤다. 첫째 날은 부모와 함께 한 시간 정도 놀다 집에 오고, 둘째 날은 혼자서 두 시간, 셋째 날은 반나절, 넷째 날은 점심까지, 이런 식으로 어린이집에서 머무는 시간을 조금씩 늘렸다. 다행히 첫째는 난생처음 겪어보는 사회

생활에 빠르게 적응했다. 우리는 매번 이런 첫째를 향해 엄지손가락을 세우기에 바빴다.

그런데 그건 부모의 입장만을 생각한 행동이었을지 모른다는 걸 나중에 알게 됐다. 만 세 살 정도 된 첫째가 한국에서 어린이집에 다닌 지 얼마 되지 않은 어느 날이었다. 첫째는 평소와 달리 어린이집 현관에서 나와 떨어지지 않으려 했다. 한국말이 서툴긴 했지만 워낙 적응력이 좋다고 믿었던 첫째였기에 약간 당황했다. 선생님은 금방이라도 울음을 터트릴 것 같은 아이를 낚아채듯 데리고 안으로 들어가 버렸다.

나에게는 '걱정 말고 가세요'라는 사인을 눈빛으로 보냈다. 나를 위해서 한 행동이었지만 고맙다는 생각보다 머리에 망치를 맞은 것처럼 멍한 기분이 들었다. 순식간에 벌어진 일이어서 제대로 대처하지 못했다는 자책도 있었을 것이다.

집에 돌아와 아내와 이야기를 나누며, 아이의 감정표현을 최대한 막지 않도록 하자고 다짐했다. 그렇게 아무런 설명 없이 작별을 강요하는 건 아이에게 미안한 일이었다. 매일 일어나는 부모와의 작별이 슬픈 일이어서는 안 된다고 생각했다. 우리는 첫째가 똑똑해서 한국말도 금방 한다고 추켜세우기만 했지, 어린이집에서 받을 스트레스에 대해서는 미처 배려하지 못했던 것이다.

그 일 이후 첫째는 물론 넷째까지도, 혹시 아이가 어린이집 문

앞에서 주저하거나 안아달라고 할 때 아주 많이 충분한 시간을 두고 안아주었다. 아이가 이제 됐다고, 들어가겠다고 할 때까지. 그런 일이 자주 있지는 않았지만 그렇게 안아주고 헤어지면 내 마음이 한결 가볍다는 걸 알게 됐다. 전반적으로 적응력이 나쁘지 않고, 무난한 사회성을 보여준 아이들이 내겐 정말 행운이다.

첫 아이를 끙끙대며 키우던 당시 나는 파리에서 방송 코디네이터 일을 했다. 쉽게 말하면 촬영을 위해 프랑스를 찾는 한국의 방송국 취재팀을 가이드하는 일이다. 관광 가이드와 다른 점은 개선문이나 에펠탑에 데려다주고 기념물의 역사와 에피소드에 대해 설명하는 게 아니라, 취재팀 각자의 목적에 맞게 전문 가이드를 하는 것이다.

실제 촬영은 3~4일 하더라도 짧게는 한 달, 길게는 몇 달 전부터 일하는 경우가 많았다. 필요한 장소에서 촬영할 수 있게 허가를 받아야 하고, 전문가나 민간인 등 필요한 인터뷰 대상도 섭외를 해야 하기 때문이다. 촬영에 들어가면 현장에서 벌어지는 모든 상황을 정리하고, 인터뷰 때는 통역도 맡아서 한다. 일이 이렇게 복잡하다 보니 비교적 높은 보수를 받는 것도 관광 가이드와 다른 점이긴 하다.

코디네이터가 저널리스트는 아니지만, 저널리스트의 보조 역할을 하는 만큼 기자생활을 한 내게 장점이 있을지도 모른다는 생각을 했다. 같은 이유가 단점이 될 수도 있다는 건 일을 시작하고 얼마 지나지 않아 곧 깨달았다. 그러나 밖에 나가서 실제 일하는 날에 비해 보수가 높다는 건 분명 매력적이었다. 물론 자료조사와 섭외, 메일로 해당 기관과 연락을 주고받는 일 등을 감안하면 그리 높은 것도 아니었다. 어쨌든 기자 일을 그만두고 무엇으로 입에 풀칠을 해야 할지 고민하던 내게는 딱 알맞은 일이라고 여겨졌다. 여러 가지로 나는 운이 좋았다.

방송국 시사교양 프로그램도 유행을 타는 것인지, 비슷한 아이템으로 여러 방송국에서 촬영하는 경우가 있다는 걸 알게 됐다. 그 시기에 프랑스로 촬영 오는 취재팀의 인기 주제는 출산율이었다. 한국과 프랑스의 출산율은 같은 1점 대였지만 한국은 1에 가깝게 하락하는 추세였고, 프랑스는 2에 가깝게 올라가고 있었다. 2018년 한국 출산율은 기어이 1을 뚫고 내려가 현재도 0점대를 기록 중이다.

취재팀이 가져온 주제는 '왜 프랑스의 출산율은 늘고 있는가'였다. 초점은 주로 국가가 지출하는 비용에 맞춰져 있었다. 그래서 다둥이를 둔 부부나 길거리에서 만난 시민들을 인터뷰할 때 던지는 질문은 궁극적으로 국가에서 보조하는 금액이 얼마냐는 거였다. 육아 정책을 다루는 정부 관계자 등을 두루 만나면서 내가 내린 결론은 양육비가 도움이 되는 건 분명하지만, 프랑스인들이 그 몇 십만 원 때문에 애를 낳는 건 아니라는 점이었다.

그럼에도 한국 취재팀들은 정부 지출이 많기 때문에 프랑스 출산율이 높아지고 있다는 전제로 이야기를 풀어가는 것 같았다. 그러나 이는 너무 성급한 결론이다. 단순히 재정적 관점으로만 보면, 매년 출산율 증가를 위해 예산을 증액하는 한국의 경우를 설명할 수가 없다. 우리 가족이 프로그램에 등장한 적도 있는데, 나중에 보니 기자가 "정부 보조금이 없었으면 정 씨 부부는 둘째를 낳을 생각도 못했을 것"이라고 내레이션을 했다. 정말 할 말을 잃었다.

프랑스 육아 정책의 바탕에는 아이를 낳는 사람, 즉 여성들의 욕망을 어떻게 충족시킬 것인가에 대한 고민이 깔려 있다. 제2차 세계대전 후 인구 증가의 필요성을 절감한 프랑스 정부는 출산율을 높이는 것이 나라를 일으켜 세우는 데 무엇보다 중요하다는 인식을 갖게 되었다.

그 과정에서 정부는 여성들이 아이를 낳고 싶고 동시에 일도 하고 싶어 한다는 결론을 내렸다. 매월 보조금 형식으로 가정에 지원하는 것도 중요하지만, 다양한 육아 시스템을 제시하고 직장에서 출산 휴가 등을 자유롭게 쓸 수 있는 문화, 근무 시간을 조정하는 탄력근로제 등을 통해 아이를 낳는 일이 혼자만의 부담이 되지 않도록 하는 것이 정부 정책의 목표였다.

물론 취재를 하며 만난 프랑스인들 중에는 "어린 시절 대가족과 자랐기 때문에 내 아이들도 그런 환경에서 자랄 수 있도록 최소한 셋 이상을 낳고 싶어요."라고 말하는 사람들도 꽤 있었다. 가깝게는 아내도 같은 생각이었지만 이런 입장은 방송에 전혀 반영되지 않았다. 코디네이터를 하면서 출산과 육아에 대해 더 깊이 생각해 볼 수 있었던 건 내게 행운이다.

나의 운은 한국에서도 이어졌다. 우리가 한국에 간 건 첫째가 만 세 살 때였는데, 공백기 없이 곧바로 구립 어린이집에 자리를 얻었다. 한국에서는 우리가 다문화가족으로 분류되기 때문에 가산점을 받지 않았을까 추측해본다.

첫째가 어린이집에 다니게 되니 둘째도 자연스럽게 같은 어린이집에 입소하게 됐다. 한국 생활 3년 차에 태어난 셋째도 다문화가족 찬스와 형제 찬스 등에 힘입어 구립 어린이집에 들어갔다. 우리가 서울에 살던 5년 내내 나는 어린이집 학부모로 살았던 셈이다. 아쉬웠던 건, 아이들에게 친한 어린이집 친구들이 있을 법한데 그런 게 없었다는 점이다. 아이들이나 내 성격이 유별나서라기보다는, 어린이집과 아이들 세계에 큰 영향을 미치는 것이 주로 엄마들이다 보니 아빠인 내가 낄 자리가 없었던 것이다.

둘째에게 이런 일이 있었다. 매일 비슷한 시간대에 부모들이 아이를 데리러 오기 때문에 끝나는 시간에 함께 노는 아이들도 대충 비슷하다. 그런데 그날 오후는 평소와 같은 시간에 갔는데 예닐곱이 아니라 둘째 혼자 놀고 있었다.

"오늘은 엄마들이 다들 일찍 다녀가셨나 보네요."

"그게 아니라 OO 생일잔치에 갔거든요."

선생님의 답으로는 둘째만 빼고 다 초대된 거였다.

살짝 황당한 기분이 들면서, 내가 상상하는 것보다 훨씬 더 강력한 엄마들의 세계가 구축돼 있다는 걸 경험했다. 나중에 아이들이 초등학교에 다닐 때 다시 한번 그런 순간을 만났는데, 그때는 훨씬 유연하게 대처할 수 있었다. 어린이집에서 사회성을 배우는 건 아이들뿐이 아니었다. 어디서 살 수도 없는 경험을 얻었으니 내가 운이 좋은 것이다.

파리 정도는 아니지만 우리가 사는 블루아도 영유아 보육시설이 여유 있는 곳은 아니다. 다만 지방 소도시여서 임신했을 때부터 어린이집 입소를 신청하는 식의 부지런을 떨지는 않았다. 그런데 막상 아이를 어린이집에 보내려고 하자 '이렇게 늦게 신청하면 안 되지' 하는 반응이 돌아왔다. 개인적으로 믿는 구석이 없는 것은 아니었다.

바로 늘 나를 따르던, 또는 따른다고 굳게 믿고 있던 그 운이다. 결국 내 감이 맞았다. 운이 따른 덕에 집에서 차로 5분 거리에 있는 어린이집의 3개월짜리 임시 입소 허가를 얻었고, 2개월째 정식 입소를 하게 됐다. 넷째가 6개월 때부터 다녀서 올해 2년 차가 됐다. 덩달아 셋째 이후 잠시 내려놓았던 어린이집 학부모의 지위를 다시 획득하게 됐다.

넷째를 어린이집에 데려다주고, 데려오는 과정을 새롭게 시작하면서 10여 년 전 첫째가 처음으로 어린이집에 다니던 시절을 떠올렸다. 지금은 아무렇지 않게 내가 육아의 상당 부분을 담당한다고 말하지만 어린이집이 없었어도 그런 말을 할 수 있었을까. 내가 하루 종일 아이와 부대껴야 했다면 셋째, 넷째까지 감당할 수 있었을까.

첫째가 어린이집에 입소하기 전 파리의 좁은 아파트에서 나와 거의 하루 종일 함께 지냈을 때, 한국에 있던 누나는 내 사진을 보며 병원에 가볼 것을 제안했다. 눈이 전에 비해 튀어나와 보이는데 갑상선 항진증 증상 같다는 것이었다. 인터넷으로 더 알아보니, 당시 내 몸 상태와 비슷했다. 신경질적 반응, 높은 식욕, 낮은 체중, 잦은 소변 등. 병원에서 검사해보니 누나의 진단과 같았다. 수년간 약물치료를 통해 지금은 나았지만 어린이집 없이 종일 육아를 지속했다면 증세가 호전되기 어려웠을 것이다.

이런 사정을 감안하면 우리가 둘째에 이어, 셋째, 넷째까지 낳을 수 있었던 이유는 보조금 때문이라기보다 어린이집을 포함한 다양한 육아정책의 덕인 게 맞을 것 같다. 육아시설뿐 아니라 정책들도 자세히 알고 사용하면 꽤 세심하다는 느낌을 받는다. 넷째의 경우 집안 청소 서비스 보조금도 받았다. 용역회사에서 파견된 여성이 약 6개월 동안 일주일에 두 시간씩 집안 청소를 하고 갔다. 미혼모인 경우, 쌍둥이를 출산한 경우, 갓난아이 외에 열두 살 이하 아이들이 있는 경우, 이혼을 한 경우 등 일정한 요건이 되면 신청할 수 있다.

하지만 이렇게 구체적이고 실질적인 도움 이전에 남자든, 여자든 독박 육아에 처해지는 상황을 비정상적으로 보는 사회적인 분위기가 프랑스 출산율을 높이는 가장 큰 이유가 아닐까. 가끔은 육아를 나 혼자 다하는 것처럼 엄살을 부리지만, 아내의 비중이 크다는 사실을 부인할 수 없다. 그렇게 우리는 서로가 서로를 채워주고 있는 거다. 건강한 아이들 넷을 '둘'이 키울 수 있는 나는, 정말 운이 좋다.

프랑스적인,
너무나 프랑스적인

4

그 리듬에 맞추어 우리는 늙어갔다.
나이도 먹기 전에 이미 늙었다. 강행군으로 배워야 했고,
팔꿈치를 책상 위에 올려놓지 않고 밥 먹는 것을 배워야 했다.
자유형과 배영 등 여러 자세의 수영, 똑바로 있기,
콧구멍에 손가락 집어넣지 않기, 대꾸하지 않기, 조용히 하기,
자신을 다스리는 것을 배워야 했다.
결국 그 시대에 '인간이기를 배우는 것'이었다.
-장폴 뒤부아(Jean-Paul Dubois), 《프랑스적인 삶*Une vie française*》

아이도 부모도 쉬어야 할 시간이다
생체리듬으로 설계된 방학

두 달간 긴 여름방학을 끝내고 개학이라며 부산을 떤 게 엊그제인데 고개를 들어 보니 또 방학이다. 2주짜리지만, 그래도 방학은 방학이다. 프랑스인들이 얼마나 방학을 애지중지하는지는 방학 날짜를 세는 방식에서도 드러난다.

2020년에 만성절 방학은 10월 19~23일과 26~30일 2주 동안이었다. 한국이라면 '방학기간 10월 19~30일'로 적을 텐데 프랑스인들은 굳이 '10월 17일(토요일)~11월 1일(일요일)'이라고 표기한다. 심지어 '마지막 수업: 10월 16일, 개학일: 11월 2일'이라고 쓰기도 한다. 물론 오해의 소지 없이 정확한 건 맞지만 조금이라도 더 방학기간을 늘리고 싶은 프랑스인들의 욕망이 발현된 듯하다. 쉬는 날이라면 단 하루도 허투루 보내지 않겠다는 굳은 의지까지 읽힌다.

프랑스의 학기는 두 달짜리 여름방학과 여름방학 사이에 2주짜리 방학 네 개가 골고루 나뉘어 짜여 있다. 이른바 7-2시스템인데, 7주 동안 공부하고 2주 동안 쉬는 것이 골자다. 1980년대부터 자리 잡은 이 시스템은 아이들의 학습능력을 극대화하기 위해 생체리듬학 전문가들의 조언을 받아들인 것이라고 한다.

실제로 초등학생 아이들을 가르치고 있는 아내의 말도 크게 다르지 않다. 7주쯤 되면 아이들의 집중력이 슬슬 떨어지기 시작한다는 것이다. 물론 방학이 다가오는 걸 알고 아이들의 집중력이 떨어지는 것인지, 집중력이 떨어져서 정부가 7-2시스템을 적용한 것인지는 잘 모르겠다. 하지만 드러난 현상만을 보면 전문가들의 주장이 생뚱맞지는 않다.

그런데 생체리듬에 따른 7-2이론은 아이들에게만 해당되는 게 아니다. 날마다 아이들을 학교에 데려다주고 데려오는 일, 수요일이나 토요일이면 각종 과외활동을 위해 여기저기 들르는 일 등을 7주 정도 지속하다보면 부모인 우리도 힘에 부친다. 생체리듬학적으로 부모나 아이나 쉬어야 할 시간이 된 것이다.

그래서 프랑스에서는 9월 초 여름방학이 끝나면 7주 후인 10월 말에 만성절 방학이, 11월 초부터 7주 공부하고 12월 말에는 크리스마스 방학이 시작된다. 1월 초부터 7주 학교에 가면 2월 말에 스키 방학이, 3월 초부터 7주 후인 4월 말에는 부활절 방학이, 5월 초부터 7주 후인 6월 말 또는 7월 초에는 대망의 여름방학이 시작된다.

개학 시즌인 9월 한 달은 언제나처럼 쏜살같이 지나간다. 아이들은 아이들대로 새 학년과 새 담임교사에 적응해야 하고, 우리는 아이들의 과외활동을 결정하고 시간표를 짜거나 새로운 정기간행물을 고르느라 바쁘게 보낸다. 이 모든 것이 9월 한 달 동안 이뤄진다. 9월에 정해놓은 타임스케줄이 1년 동안 유지되기 때문에 아주 신중하게 고민해서 각종 과외활동과 시간들을 결정한다.

중학생부터는 성적을 점수로 매기는데 첫 방학이 가까워오는 10월 중순쯤이면 어느새 각 과목마다 점수가 쌓이고 평균값이 소수점으로 끝나는 걸 알아차리게 된다. 프랑스에서는 시험을 아무 때나 자주 보고 그 점수가 내신에 반영되기 때문에 벼락공부가 통하지 않는다. 자기 몸보다 더 무거워 보이는 책가방을 들고 해가 뜨기도 전인 아침 7시에 버스를 타러 나가는 딸의 뒷모습은 나를 숙연하게 만든다. 7-2시스템은 이런 미안함에서도 잠시나마 벗어날 수 있는 자유를 허락한다.

11월 1일 만성절은 '모든 성인의 날'로 프랑스의 국가 공휴일이다. 역시 가톨릭 국가였던 전통의 흔적인데, 이날이 할로윈의 기원이기도 하다. 세속적 의미에서 프랑스인들에게 더 중요한 날은 다음날인 11월 2일이다. 11월 1일이 성인을 위한 날이라면, 2일은 모든 죽은 이를 위한 날이기 때문이다. 만성절을 전후해 공동묘지를 다녀가는 발길이 많아지고, 묘지를 장식하고 있는 꽃다발이 더 신선해지는 것을 알 수 있다. 우리나라 사람들이 추석에 그렇듯 프랑스인들은 11월 1일을 전후해 먼저 세상을 떠난 가족을 기린다.

일반적인 만성절은 그런 의미이지만, 학부모와 학생들에게 만성절 방학은 개학 후 앞만 보고 죽기 살기로 뛰다 한숨 돌리는 시기쯤으로 볼 수 있다. 학기가 시작된 지 얼마 되지 않았기 때문에 그동안은 옆이나 뒤를 볼 여유가 더 없었을 것이다. 학기 첫 방학이 끝나고 시작되는 두 번째 새 학기의 일상은 아무래도 전보다는 안정된다. 만성절이 워낙 차분한 분위기여서 방학 취지와도 대충 맞아떨어진다.

반면 성탄절 방학은 말 그대로 축제 분위기다. 성탄과 새해 1월 1일이 포함된 방학 2주 동안 모든 가족을 돌아가면서 만나고, 덕담과 함께 선물을 주고받는다. 어른들은 평소에 자주 못 만나던 가족과 함께 시간을 보낼 수 있어서, 아이들은 오랜만에 만나는 가족들로부터 선물을 받을 수 있어서 축제의 연속이 된다. 학기가 5분의 2 정도 지난 지점이기 때문에 아이들의 학교생활도 절정을 향해 달려가는 느낌을 받는다.

2월 방학은 스키 방학으로도 불린다. 우리 집을 비롯해 스키와 별로 상관없이 지내는 사람들에게는 '스키 방학'이라는 이름이 별 의미 없지만, 아주 조금이나마 봄을 느낄 수 있다는 게 장점이다. 동지가 들어 있는 성탄절 방학 때부터 낮 길이가 길어진다고 해도 별로 실감이 안 되는데, 이때쯤이면 슬슬 체감을 하게 된다. 한 학년의 절반을 지난 시점이기 때문에 2월 방학 때 집으로 오는 통신문은 한 해 농사의 대충을 짐작할 수 있다.

지난해 첫째는 초반에 잘 나가는가 싶더니 이 시기에 하향 조정국면에 들어가 그 점수가 학년 끝까지 유지되었다. 초반 스퍼트의 착시현상이 있었다. 지나가는 말로 첫째에게, 처음에 반짝 높은 점수를 받고 쭉쭉 떨어지는 것보다는 꾸준한 게 더 낫다고 했더니 올해는 아예 낮게 시작했다. 말을 잘 듣는다고 칭찬해야 하는 건지, 아니면 이 점수가 초반 스퍼트여서 나중에 더 내려갈지는 두고 볼일이다.

아이의 성적에 대해서는 가급적 대화 주제로 꺼내지 않는 편이다. '그건 별로 중요한 게 아니야'라는 메시지를 주려는 것처럼 말이다. 인터넷으로 업데이트되는 통신표의 성적도 웬만해선 안 보려고 한다. 그런데 사실 이런 노력은 위선적인 태도일지도 모르겠다. 노력의 효과가 종종 정반대로 나타나기 때문이다.

학교에서 돌아온 딸아이의 목소리에 힘이 없는 경우는 열에 아홉 나쁜 점수를 받은 날이다. 부모가 싫어해서인지, 자기 스스로 낮은 점수를 못 견뎌서인지는 정확하게 모르겠다. 이유가 무엇이든, '성적은 별로 중요한 게 아니야'라는 내 메시지가 제대로 전달되지 못한 건 분명하다. 아니, 내가 말은 이렇게 하면서 행동은 정반대로 '성적보다 중요한 것은 없어'라는 의도를 드러내고 있었던 건지도 모른다. 딸의 뒷모습을 보며 일말의 죄책감을 느낀 건 다 이유가 있었다.

4월 부활절 방학은 다시 축제 분위기가 물씬 풍긴다. 성탄절 때와 다른 점이라면 한결 따뜻해진 날씨와 여기저기 봉우리를 터트리는 꽃들이다. 그 무렵 서머타임이 시작되면서 낮이 길어지는 것도 무시할 수 없다. 테라스나 정원에서 즐기는 아뻬로도 가능해진다. 여건이 허락하는 한 많은 프랑스 가족들은 부활절에도 한데 모여 지낸다. 프랑스인들에게 가톨릭 축일인 부활과 성탄은 우리나라 설과 추석 같은 명절인 셈이다. 다만 연휴가 한국보다 길고 각자의 사정에 맞춰 이동을 한다는 점이 다르다. 그러다 보니 꽤 많은 사람이 고속도로를 이용하지만 그렇게 힘들지 않다.

한국에서 온 가족이 지내던 첫해 추석에 3시간 거리인 서울-구례를 8시간 걸려 간 적이 있다. 아내는 왜 남들과 똑같은 시간에 가야 하는지 납득하지 못했고, 우리는 꽤 크게 말다툼을 했다. 차례와 성묘를 제시간에 하려면 막히더라도 남들과 같은 시간에 출발할 수밖에 없다는 걸 끝내 이해시키지 못한 것이다. 그러나 내 노력보다는 경험의 힘이 컸다. 고속도로의 악몽을 직접 겪어본 아내는 그때 이후로 명절 때 아무리 막히고 시간이 오래 걸려도 불평을 하지 않았다. 운이 좋아 7시간 만에 도착하기라도 하면 '올해는 빨리 왔네'라고 말할 정도였다.

7-2시스템에 의해 7주에 한 번씩 정기적으로 2주짜리 방학이 다가오는데, 일반 직장에 다니는 맞벌이 부부들은 방학 때마다 어디론가 떠나는 게 부담스러울 수 있다. 그런 의미에서 전업주부이자 반 백수인 아빠와 교사인 엄마, 그리고 외할아버지와 외할머니가 적당한 거리의 시골에 살고 있는 우리 아이들은 얼마나 행운아인지 생각하게 된다. 엄마, 아빠의 직업으로 볼 때 2주 동안 함께 지내는데 아무 문제가 없고, 방학 때마다 외가가 있는 보르도 인근 마을 뽕도라로 떠날 수 있으니 말이다.

"처가에 갈 거야, 남서 지방에 있는 시골."

스키 방학 때 스키 타러 갈 형편도 되지 않고 날씨가 풀리는 4월 방학 때 바닷가에서 지내지도 못하지만, 언제나 이렇게 말할 수 있어 얼마나 다행인가.

프랑스인들에게 보르도가 포함된 남서 지방은 비옥하고 따뜻한 곳이라는 의미가 담겨 있다. 포도주가 괜히 유명한 게 아니다.

반면에 주로 남프랑스라 부르는 마르세유 인근 남동 지방은 뜨거운 태양과 미스트랄이 있어 다소 이국적이고 훨씬 바캉스 분위기를 풍긴다. 어디가 됐든 남쪽 시골집에 간다는 건 부러움의 대상이다. 내겐 처가일 뿐이지만 그렇게 대답하면서 살짝 우쭐한 기분이 들 정도다.

이번 학기 만성절 방학에 우리 가족은 프랑스 남쪽의 동과 서를 가로질렀다. 마르세유에 사는 아내의 절친이 우리를 초대했기 때문이다. 서로의 결혼식에서 증인을 섰을 정도로 친한 사이인데 결혼한 뒤로는 멀리 살아서 자주 보질 못한다. 두 집 모두 아이가 넷이어서 함께 지내는 동안 소규모 어린이집이 열리곤 한다. 마르세유 주변에서 아이들과 함께 지중해를 바라보며 칼랑크 절벽 사이를 산책하는 일은 보너스다.

첫 주는 마르세유에서, 둘째 주는 처가가 있는 뽕도라에서 지냈는데 2주 동안 달렸던 거리를 계산해 보니 2000킬로미터를 웃돈다. 자동차의 생체리듬은 우리와 정반대로 방학인 지금이 일해야 할 시기인 것이다. 새 학기 첫 방학을 맞아 블루아에서 마르세유까지, 고속도로가 전혀 안 막히는 상황임에도 8시간 넘게 자동차로 달리며 든 생각이다.

부모가 행복해야 아이도 행복하다
아이와 부모가 각자 우정을 나누는 방식

프랑스인의 인사법에 일정한 격식, 즉 일종의 코드가 있는 것처럼 그들이 사람을 깊이 사귀는 방식에도 나름의 절차가 있다. 주로 상대방을 집으로 초대하는 것인데, 프랑스의 초대 문화를 처음으로 접하고 익히게 된 것은 아이들 덕이었다.

가장 흔히 접하는 게 생일이다. 생일 이벤트 같은 것에 영 소질이 없어서 첫째의 생일이 가까워오면 몇 주 전부터 머리가 지끈거렸다. 프랑스 아이들이 뭘 하고 노는지를 잘 모르는 까닭에 더 그랬을 것이다. 아내는 별 것 아니라는 투로 "알았어, 알았어." 하면서 딱히 뭘 할 것인지에 대해서는 쉽게 말해주지 않았다. 그러니 머리가 더 아플 수밖에.

친구들을 초대한 날이면 아내는 함께 케이크를 만들거나 보드게임을 하면서 첫째와 친구들을 즐겁게 해주었다. '처음부터 그렇게 할 거라고 귀띔이나 좀 해주지.' 그때마다 좀 야속하다는 생각을 했다. 지금은 나도 그 정도는 할 수 있게 됐다.

생일잔치는 대개 생일이 지난 뒤 주말이나 수업이 없는 수요일 오후에 한다. 생일이 오기 전에 잔치를 먼저 하는 경우는 거의 없다. 금기까지는 아니어도 그렇게 하지 않는다. 생일잔치 일정이 잡히면 먼저 누구를 초대할 것인지를 정한다. 많으면 9~10명에서 적으면 4~5명 정도 초대한다. 물론 부모의 능력(경제력보다는 아이들의 소음과 정신없음에도 불구하고 이벤트를 진행할 수 있는 정신력)에 따라 10명 이상을 초대하기도 한다.

여기에는 약간의 성차별이 존재한다. 여자아이들은 10명을 불러도 별 탈 없이 반나절을 보낼 수 있다. 반면에 남자아이들은 3~4명만 모여도 집을 전쟁터로 바꿔놓기 일쑤여서 남자아이를 10명씩 부르는 부모들은 정말 대단한 사람들이라고 치켜세울 수 있다. 어릴 때는 남녀가 섞여서 오다가 학년이 올라갈수록 하나로 모아진다. 초대할 사람이 정해지면 3~4주 전에 초대장을 보낸다. '파티 일주일 전까지 답신 요망'이라는 내용의 추신은 필수다.

보통 초등학교 1학년쯤 되면 생일파티를 하는데, 집에 돌아와 학교 이야기를 하면서 친구들 이름을 많이 꺼내는 시기다. 어렴풋하지만 우정이란 것을 느끼는 단계가 아닐까. 첫째는 딸이고 생일이 4월이어서 중학생인 지금까지도 절친들을 집으로 불러 생일파티를 하고 있다.

그런데 둘째는 생일이 방학 기간인 7월이어서 초등학교 5학년이 될 때까지 한 번도 생일을 챙겨주지 못했다. 다행인 건 딱히 조르지도 않는다는 사실이다. 우리 부부가 얼마나 이벤트에 젬병인지를 알 수 있다. 7월에 생일을 맞는 둘째에게는 "휴가철이어서 친구들 대신 모든 가족이 널 축하해주잖아."라며 달랜다.

올해 초등학교 1학년인 셋째는 생일이 있는 6월을 기대에 차서 기다리고 있을 것이다. 이제 걸음마를 뗀 넷째를 제외하고 셋 중에 가장 활발한 성격이어서 생일파티를 하면 어떤 일이 벌어질지 겁부터 나지만, 피할 수 있는 일이 아니란 걸 잘 알고 있다. 다만 올해 우리에게 유리한 정황은 코로나 사태가 한창이어서 친구를 초대하는 게 어려워질 수도 있다는 거다.

첫째의 경우, 친한 친구들은 반나절 초대하는 데 그치지 않고 1박2일로 이벤트를 확장시킨다. 친구 예닐곱 명을 초대해서 오후 대여섯 시까지 함께 놀고, 친한 친구 몇몇은 남아서 다음날까지 분위기를 이어간다. 함께 영화를 보거나 밤늦게까지 수다를 떨며, 서너 명쯤 되는 BFFBest Friend Forever(베스트 프렌드 포에버!)의 우애를 확인한다. 일종의 파자마 파티인데 아이들이 있는 프랑스의 가족들 사이에서는 일반적으로 볼 수 있다.

생일이 아니더라도 친한 친구들은, 주말에 서로를 초대해 1박 2일 동안 함께 지내기도 한다. 이 경우는 부모들끼리도 친할 확률이 높다. 아이들이 하룻밤을 보내는 집에 대해 잘 모른 채 외박을 시키기는 어렵다. 생각해보면 요즘 아이들은 학교 외의 장소에서 우정을 이어갈 수 있는 기회가 없다.

내가 어렸을 때는 학교가 끝난 뒤 동네 친구들과 골목에서 시간 가는 줄 모르고 놀다가 누군가의 엄마가 "밥 먹자!"를 외치면 다들 집으로 돌아가곤 했다. 딱히 초대를 하고 응하는 수고나 절차 없이 아무 때나 대문 앞에 가서 "노올자!"라고 외치면 친구들과 놀 수 있었다.

금요일 오후 학교 앞에서 아이들을 기다리는 동안 주의 깊게 살펴보면, 부모가 아니라 친구와 친구 엄마 손에 이끌려가는 아이들을 종종 볼 수 있다. 이런 경우 책가방 말고 다른 가방이 하나 더 있을 수 있는데, 그 안에는 파자마와 세면도구가 들어 있을 가능성이 크다. 파자마 파티가 시작된 것이다.

아이들과 마찬가지로 어른도 친구를 집으로 초대해 우정을 만들어간다. 우리가 파리에 살던 시기에는 알지 못한 세계였다. 나

구강기 집착을 피하기 위해 아이의 노예가 돼야 한다면,
부모가 아이의 손가락이 돼주기 위해 자신의 행복을 포기해야 하는
상황이 온다면, 결국엔 아이에게도 불행한 일이 될 가능성이 크다.
불행한 삶을 사는 부모가 아이를 행복하게 키울 수 있을까?

는 이방인이었고, 아내는 그런 식의 부부 간 사교활동을 하기에는 어렸다. 블루아에 정착하고 난 뒤 한 달에 한 번 열리는 부부 모임에 참석하게 됐는데, 그러자면 베이비시터를 구해야 했다. 아내 친구를 통해 베이비시터를 소개받으며 대충 사정을 들어보니 젊은 부부를 중심으로 이미 시장이 형성돼 있을 정도로, 베이비시터에 대한 충분한 수요가 있었다.

주로 중학교 3, 4학년이나 고등학교 1, 2학년 여학생이 대상인데, 아는 사람의 딸이거나 그 딸의 친구여서 믿을 만한 관계가 형성되어야 한다. 어린아이가 있는 집에서 저녁 시간에 부부가 외출하기 위한 필수사항이 베이비시터다. 베이비시터 덕에 어린아이를 둔 수많은 부부가 오늘도 초대받은 집에서 저녁식사를 하며 우정을 이어나간다.

예전에 한국에서 온 사람이 젊은 청춘이 넘쳐나는 유흥가 말고는 주말에도 저녁 9시만 되면 적막이 감도는 파리 시내 거리를 보며 물은 적이 있다.

"도대체 프랑스인들은 무슨 재미로 살아요?"

이젠 그때 해주지 못한 답을 할 수 있다.

"다들 누군가의 집에 초대받아 수다를 떠느라 거리가 한산할 수밖에요."

프랑스에서 각종 인테리어 제품이 발달한 것이나 살롱에서 담소를 나누는 전통 등도 초대 문화와 무관하지 않을 것이다. 프랑스에서 친한 사이라고 하면 서로의 집에서 저녁식사를 대접한 정도는 돼야 한다. 프랑스인과 가까워지기 위해 가장 빠르고 좋은 길이기도 하다.

보통 외출을 하면 저녁 8시부터 12시까지 4시간 정도이고, 여기에 최저임금 비슷하게 쳐주면 베이비시팅에 드는 비용은 30유로 안팎이다. 우리 아이들의 경우 8시 30분이면 잠에 드는데, 씻겨야 하는 일도 없어서 베이비시터가 할 일은 8시에 도착해서 30분 정도 같이 놀아주고 재우는 게 다다. 아이들을 재운 후에는 거실에서 컴퓨터를 사용하거나 밀린 숙제를 하며 시간을 보낸다.

겉으로만 보면, 별 것도 아닌 일에 30유로씩이나 써가며 굳이 저녁식사 초대에 응해야 하는지에 대해 난 회의적이었다. 아내 역시 그런 식의 사교활동에 그렇게 적극적인 사람은 아니어서 초대에 응해놓고도 막상 가는 날은 살짝 후회의 눈빛을 보이는 경우가 있다. 다만 돌아오는 길에는 매우 만족한 모습이 된다.

가기가 귀찮아서 그렇지 많은 이야기를 나눌 수 있어서 즐거운 저녁시간을 보냈다는 표정이다. 표정이 말해주듯 많은 이야기가 오갔다는 건 우정을 나누기에 적절한, 영양가 있는 대화들을 주고받았다는 말이다. 서로에 대해 더 알게 됐다는 뜻도 된다. 다시 말해 베이비시터를 쓰고라도 어른들만의 시간을 갖길 잘했다는 거다.

누군가의 시선으로는 어린아이를 내버려두고 밤늦도록 싸다 닌다고 할지 모르지만 젊은 프랑스 부부가 우정을 나누는 방식이 자 육아에 지치지 않을 수 있는 일종의 생존 스킬인 것이다. 그래 서 내가 적극적으로 저녁식사 자리를 만들지는 않더라도 아내가 초대를 받거나 다른 부부들을 초대하면, 나는 기꺼이 즐거운 마음 으로 응할 준비가 돼 있다. 그렇게 친구들을 만나 수다를 떤 뒤 충 전된 힘으로 다음날 씩씩하게 넷째의 기저귀를 가는 거다.

어디선가 '구강기 집착을 하는 프랑스 아이들은 불행하다'는 의미의 문장을 읽은 적이 있다. 프랑스 아이들이 손가락을 빠는 건 애정결핍의 단면이므로 아이들이 행복하지 않다는 뜻일 것이다. 우리 아이들도 예전에 손가락을 빨았고, 넷째는 지금도 열심히 빨 고 있어서 그냥 넘길 수 없는 문장이었다. 뱃속의 아이조차 손가락 을 빤다는 걸 감안하면 손가락을 빠는 행위가 애정결핍과 직접적 으로 연관이 있는지는 사실 의문이다. 다만 손가락을 빨 때 안정감 이 생긴다는 건 과학적으로 증명된 사실이어서 습관 측면에서 보 는 게 맞을 것 같다.

그렇지만 이 모든 것을 다 제쳐두고 위의 문장을 놓고 분석해 보면, 아이가 손가락을 빠는 행위는 아이의 행복과 부모의 행복 중 하나를 골라야 하는 고약한 문제와 맞닿아 있다. 구강기 집착을 피 하기 위해 아이의 노예가 돼야 한다면, 부모가 아이의 손가락이 돼

주기 위해 자신의 행복을 포기해야 하는 상황이 온다면, 결국엔 아이에게도 불행한 일이 될 가능성이 크다. 불행한 삶을 사는 부모가 아이를 행복하게 키울 수 있을까? 그런 관점에서 보면 비용을 들이고서라도 아이를 베이비시터에게 맡기고 기꺼이 외출하는 프랑스 젊은 부부들의 행동은 매우 합리적이다. 아이들이 파자마 파티를 통해 우정을 다지듯 어른들에게도 타당하게 요구되는 우정이 있는 법이다.

당신의 랑트레는 어떤가요?

전업주부로 맞이하는 나의 육아 2.0

코로나 바이러스 탓에 한국도 다녀오지 못한 채 여름방학이 끝나고 다시 개학을 맞았다. 우리 가족은 모두 새 학기에 조금씩 적응해나가고 있다. 아내는 지난해와 같은 학교에서 처음으로 풀타임 5학년 담임을 맡았고, 첫째는 중학교 2학년, 둘째는 초등학교 5학년, 셋째는 초등학교 1학년, 넷째는 어린이집 2년 차가 됐다. 언뜻 보면 셋째가 가장 큰 변화를 맞이한 것으로 보인다. 3년 과정 유치원을 마치고, 본격적으로 글을 읽고 숫자를 배우는 초등학교 1학년이 됐으니 말이다.

그런데 그게 틀린 말은 아니지만, 더 큰 변화를 맞은 사람은 나다. 전업작가를 꿈꾸는 기자 출신 '우버 기사'가 올해 전업주부가 되기로 했기 때문이다. 코로나 여파로 자의반 타의반 우버 일을 그만두게 된 것이다. 가장 큰 문제는 수입인데, 허리띠를 졸라보니 아내 월급으로 아예 생활이 안 되는 건 아니었다. 학교 급식 줄이 기부터 시작해 몸으로 때워서 지출을 줄일 수 있다면 적극적으로 그런 방식을 택하기로 했다. 내게 아주 특별한 새 학기가 시작된 셈이다.

프랑스에서 새롭게 학기가 시작하는 9월은 한국의 3월을 떠올리면 이해하기 쉽다. 그러나 프랑스 사회에서 개학을 뜻하는 단어 Rentrée(랑트레)는 단순히 방학을 마치고 새 학년을 시작하는 의미를 뛰어넘는다. 한국어 '개학開學'은 사전적 의미 그대로 학업을 시작한다는 뜻인데, 이와 달리 랑트레는 사전적으로는 물론 실제로도 그 뜻이 훨씬 광범위하다. 재개하거나 복귀하는 활동이 학교나 학업에 국한되지 않고 사회 전체에 영향을 미친다. 프랑스에서 9월은 사회 전체가 휴가모드를 지우고 일상으로 돌아가는 시기인 것이다. 한국의 3월이 학생과 학부모들에게 중요한 시기라면 프랑스의 9월은 국민 대부분에게 해당된다는 점이 두 나라 개학의 큰 차이다.

랑트레를 맞이하는 분야는 주변에서 얼마든지 찾을 수 있다. 서점에 가면 9월을 맞이해 '문학 랑트레' 행사가 대대적으로 열린다. 대형 출판사들이 유명 작가들의 책을 주로 9월 랑트레에 내놓기 때문이다. 언론사는 주목받을 만한 작품을 소개하느라 여념이 없다. 문학 랑트레의 피날레는 연말까지 이어지는 공쿠르상, 페미나상, 르노도상 등 각종 문학상 수상작 발표로 장식된다.

기자 시절 소설 《개미》로 유명한 프랑스 작가 베르나르 베르베르를 인터뷰한 적이 있다. 알려진 것처럼 그는 프랑스보다 한국에서 먼저 유명세를 탔고, 이후 프랑스에서 역주행을 한 케이스다. 한국어를 못하면서도 베르베르는 별 거리낌 없이 한국을 '제2의 조국'이라고 말한다. 지금은 프랑스에도 탄탄한 팬층이 있어서 꽤 많이 읽히는 중견작가지만 문학상과는 인연이 없었다. 그는 자기 작품을 장르문학으로 치부하는 평론계의 고리타분한 분위기가 못마땅하다는 듯 "언젠가부터 난 10월에 신간을 낸다."고 밝혔다. 평론가들의 눈에 들기 위해 문학 랑트레에 굳이 일정을 맞추지 않겠다는 말이었다. 그러나 한편으로는, '독자수로 하면 나에게 상을 줘야 하는 것 아닌가요' 하는 투정이 읽히기도 했다.

소설 출시 일정보다 더 사람들의 가슴을 뛰게 하는 건 2020-2021 프로축구 시즌 시작이었다. 2020년에는 8월 21일 첫 경기를 했는데, 프랑스뿐 아니라 거의 모든 유럽 리그가 9월을 전후해 일제히 킥오프를 선보였다. 2021년 6월 열리는 유럽축구의 꽃, 챔피언스 리그 결승으로 시즌이 마감되기 때문에 시즌은 항상 두 해가 같이 표기된다. 프랑스 프로축구 팬들이 그 어느 해보다 시즌 시작을 기다린 건 코로나19 사태로 지난 시즌이 유야무야 끝나버렸기 때문이다.

뜬금없겠지만, 랑트레 분위기는 슈퍼마켓에서도 느껴진다. 이 시기에는 대대적인 와인 프로모션이 진행된다. 싸고 질 좋은 포도주가 눈에 띄게 많아져 선택의 폭이 훨씬 넓다. 저렴하고 품질이 좋은 제품이란 세상에 없다는 게 보통의 이치이지만, 랑트레 때는 예외다. 평소에는 찾기 어려운 5유로 안팎의 좋은 포도주가, 백수 (또는 주부)가 되면서 지갑이 얇아진 나를 유혹한다. 어떻게 양질이라고 단언할 수 있는가 싶겠지만, 이것은 내 주관적 판단이 아니다. 그 정도 가격에 각종 콩쿠르에서 상을 받은 포도주도 얼마든지 있기 때문이다. 싼 가격이어도 그런 포도주들은 코르크를 따서 마셔보면 확실히 맛이 다르다.

이 밖에 우리 아이들이 가는 음악학교와 테니스 교실, 스카우트 활동도 모두 9월부터 새롭게 시작된다. 9월 초중반을 거치면서 이미 첫 수업이나 첫 모임을 가졌다. 아이들은 새로운 반의 교사와 친구들을 쓱 훑어보며 올 한해 분위기를 대충 파악했을 것이다.

프랑스의 과외활동은 한국 학원처럼 아무 때나 등록할 수가 없다. 학기가 끝나가는 6월쯤에 시작해 늦어도 9월 중에는 등록절차를 마친다. 랑트레와 함께 일제히 수업을 시작하고 이듬해 6월까지 계속한 뒤 여름방학인 7~8월에는 아예 운영하지 않는다. 그래서 비용을 연회비로 내는데, 도중에 그만두면 돌려받을 수 없다는 치명적인 단점이 있다. 아이들의 변심이나 변덕은 환불 가능한 특별 사유로 인정되지 않는다. 그러다보니 과외활동 선택을 신중하게 해야 한다.

우리처럼 어린 학생을 둔 부모들은 그래서 9월이 더 정신없이 바쁘다. 과외활동은 몇 개나 할 것인지, 무슨 요일 어떤 시간대에 어떤 활동을 할 것인지 등을 정해야 하기 때문이다. 게다가 담임교사와의 상견례도 이 시기에 몰려 있다. 랑트레 둘째 주 목요일에는 첫째와 셋째의 교사 상견례와 부모가 참여해야 하는 둘째의 음악학교 첫 수업이 같은 시간에 잡히는 바람에 세 곳 중 하나는 포기해야 했다.

각종 활동의 주간 스케줄이 정해지면 동시에 연간 스케줄도 자연스럽게 완성된다. 그때부터는 이듬해 여름방학이 예정된 6월 말까지 시간표대로 흘러간다. 랑트레의 부산함은 일상의 루틴을 탄탄하게 만들기 위해 불가피한 과정이라고도 볼 수 있다.

구도심 샤토(고성)를 찾는 몇몇 관광객의 자취 말고는 한산하기 그지없는 블루아 시내에 아침저녁 차량 정체현상이 생기면, 바로 개학의 신호다. 인근에 학교가 있는 거리는 어김없이 어린 아이 손을 잡은 학부모들로 북적거리고, 슈퍼마켓에도 각종 프로모션으로 생동감이 넘친다. 해가 점점 짧아지고 하루가 다르게 쌀쌀해지는 실제 계절과는 어울리지 않는 표현이지만, 도시가 기지개를 펴고 만물이 소생하는 느낌을 받는다.

9월이 오면 사람들은 서로를 향해 "랑트레 어땠어?"라고 묻는다. 아이들의 개학이 어땠는지를 묻는 게 아니다. 오랜 휴가를 끝내고 새롭게 맞이한 일상이, 새 시즌이 안녕하게 돌아가는지를 묻는 것이다. 올해 가족의 연간 스케줄이 원만하게 잘 짜였는지 말이다. 휴가 이후 오랜만에 만난 친구들과 각자의 랑트레를 이야기하며, 난 자연스럽게 전업주부 선언을 하게 됐다. 풀타임을 하게 된 아내, 코로나 19사태 이후 우버의 수익성이 현저히 낮아진 현실 등을 감안한 결정이었다.

첫 아이가 만 열한 살이고 넷째가 만 한 살이니, 올해로 12년째 육아다운 육아를 제대로 경험하고 있지만 전업주부를 선언한 적은 없었다. 어디까지나 육아를 꽤 하는 부사수 역할이었지, 내가 사수라는 자의식을 가진 건 아니었다. 그런데 전업주부를 선언하고 랑트레를 맞이한 뒤 몇 주를 살아보니, 전업주부란 생물학적으로 아빠라 하더라도 부사수가 아닌 사수 역할을 해야 한다는 생각에 이르게 됐다. 2020-2021 시즌의 랑트레를 맞이한 나는 육아 2.0 시기에 진입했다.

볼뽀뽀가 그리워질 때
코로나 시대의 프랑스식 인사예절에 대하여

프랑스에서 코로나 시대에 겪는 가장 큰 일상의 변화라면 아무래도 주변 사람들과 나누던 인사법이다. 이젠 더 이상 마스크를 쓴 프랑스인들의 모습이 낯설지 않지만 볼뽀뽀를 나누지 않는 건 여전히 어색하다. 얼굴을 마주하고 볼과 볼을 맞대는 볼뽀뽀는 코로나 예방 3대 수칙인 손 씻기, 마스크 착용하기, 거리 유지하기 중 세 번째 항을 정면으로 위반하는 일이다.

Bise(비즈) 또는 bisou(비주)라고 불리는 볼뽀뽀는 좀 과장하면 고대로까지 거슬러 올라가는, 프랑스의 매우 상징적인 인사 방식이자 프랑스인들이 사랑하는 관습이다. 코로나 때문에 우정과 친근함을 나타내는 일상의 표현을 못하게 됐지만 어떤 사람들은 마스크를 쓰고서도 강행할 정도로 볼뽀뽀를 포기하지 못한다.

그런데 코로나와 상관없이 볼뽀뽀라면 고개를 절레절레 흔드는 프랑스인들도 있다. 그런 사람들이 꽤 있다는 사실을 알고 좀 놀랐는데, 이유는 매우 현실적이었다. 그리 친하지도 않은 사람과 볼살을 맞대며 냄새를 맡아야 하고 끈적이는 얼굴을 느끼는 게 너무 싫다는 거였다. 그 문화에 익숙하지 않은 사람들은 공감할 만한 이유라는 생각이 들었다. 특히 비가 오는 더운 날 파리 시내 지하철 안의 그 후덥지근함과 각종 냄새들을 떠올리니 이해가 쉬웠다.

한 트위터 이용자가 "볼뽀뽀를 안 해도 된 지가 6개월이 됐는데, 삶이 더 아름답지 않나요?"라고 쓴 글에 5만4000명이 '좋아요'를 눌렀다. "6개월? 난 벌써 몇 년 전부터 남의 얼굴에 닿는 게 역겨워." 같은 '안티 비주' 세력들의 댓글도 있었다.

사회심리학자 도미니크 피카르가 온라인 여성잡지 테라페미나www.terrafemina.com와 인터뷰 중에 한 말을 통해 코로나 시대 프랑스인들에게 볼뽀뽀가 어떤 의미인지를 좀 알 수 있다.

"볼뽀뽀는 서로 살을 맞대는 게 아무렇지도 않던 코로나 이전 시대의 상징적 행위가 돼버렸다. 언제나 즐겁던 분위기와 난무하던 애정 표현은 이제 먼 옛 이야기일 뿐이다. 그럼에도 불구하고 일부는 현실을 부정한 채 모든 것이 정상으로 돌아온 척하기도 한다. 이제 볼뽀뽀는 바이러스를 대하는 사람들의 태도를 반영하고 있다. 코로나 시대에 볼뽀뽀를 하지 않는 사람은 신중한 사람으로, 여전히 볼뽀뽀를 하는 사람은 부주의한 방해자나 천덕꾸러기쯤으로 취급되는 것이다."

볼뽀뽀는 프랑스인들에게 단순한 인사예절을 넘는 하나의 문화라는 생각을 하게 된다. 그도 그럴 것이 제삼자가 보기엔 다 같은 볼뽀뽀 같아도 지역마다 방식의 차이가 있고, 가족 분위기에 따른 차이도 있다. 일반적으로는 왼쪽과 오른쪽 볼을 한 번씩 갖다대고 '쪽, 쪽!' 하는 소리를 낸다. 볼과 볼을 대는 경우도 있고, 볼에다 입술을 가져다대는 경우도 있다.

한 인터넷 사이트가 프랑스 네티즌을 대상으로 한 조사에 따르면, 대부분의 프랑스인들은 볼뽀뽀를 할 때 두 번 볼을 갖다 댄다고 한다. 남프랑스 일부 지역은 네 번을 하기도 하고, 소수이지만 한 번만 하거나 다섯 번을 한다고 답변한 사람도 있었다. 또 왼쪽을 먼저 하기도, 오른쪽을 먼저 하기도 한다.

볼뽀뽀가 살을 맞대며 개인적 내밀함을 나누는 경향이 있기 때문에 공식적인 관계에서는 종종 생략되기도 한다. 직장 동료와 볼뽀뽀를 잘하지 않는 것이 그 예다. 프랑스 대부분의 지역이 그렇지만, 남프랑스 대도시인 마르세유에서는 직장에서도 볼뽀뽀를 하는 것이 일반적이다. 같은 사무실에 스무 명 정도 일한다고 가정하면, 아침에 출근해서 스무 명과 쪽, 쪽, 소리를 내며 인사를 하는 것이다.

사적인 영역에서 볼뽀뽀를 하는 관계라면, 적어도 그냥 아는 사이는 넘어선다는 걸 뜻한다. 처음 보는 사이여도 친구의 친구를 만날 때는 볼뽀뽀를 하는 것이 예의다. 물론 남자와 여자 또는 여자와 여자의 관계에서다. 남자와 남자는 악수로 대신한다. 파티가 있는 친구 집에 도착했는데 이미 예닐곱 명이 와 있다면, 그들과 돌아가면서 일일이 볼뽀뽀를 하는 식이다.

도착할 때는 약간 어수선한 분위기여서 여기저기 움직이며 볼뽀뽀를 나누는 게 그리 어색하지 않은데, 남들보다 먼저 자리를 뜨는 경우에는 대략 난감이다. 한국에서는 "다들 안녕!" 하면서 그 자리를 떠날 수 있지만, 프랑스인들은 특별히 바쁜 경우가 아니라면 일일이 볼뽀뽀로 인사를 한 뒤 자리를 뜬다. 어쩌다 한국식으로 한 방에 작별인사를 끝내는 프랑스인도 있는데, 그런 사람은 '안티 비주' 세력일 가능성이 높다.

내 경우 작별하면서 모든 사람에게 볼뽀뽀 하는 건 여전히 어색하지만, 이젠 어느 정도 볼뽀뽀라는 프랑스식 인사법에 익숙해졌다. 가족 사이의 관계로만 한정해보면, 인사할 때마다 스킨십을 하는 프랑스 방식이 꽤 괜찮다고 생각하는 편이다. 내가 내 부모님이나 누나들, 형의 볼에 볼을 대본 게 언제였는지 떠올려보면 더욱 그렇다. 유교문화에 익숙한 한국 아빠들도 아이들이 껴안거나 볼을 비빌 때 자연스럽게 미소가 번지는 걸 보면 적어도 부모와 자녀 사이에는 살이 닿는 애정표현에 대한 거부감이 크지 않아 보인다.

그렇다고 프랑스식 인사법이 무턱대고 스킨십을 앞세우는 것은 아니다. 보이스카우트 회원들이 왼손을 잡고 오른손 가운데 세 손가락을 펴서 인사하는 것처럼 일종의 공식이 있다. 프랑스 인사 예절을 정리해보면, 우선 공적으로 만나는 사이에는 남자와 남자, 남자와 여자, 여자와 여자 모두 악수를 한다. 예를 들어 보험설계사를 만나거나 주치의를 만나는 경우 등이 그렇다. 물론 주치의와 관계가 돈독해져 친구가 되면 그의 진료실에서 볼뽀뽀를 할 수도 있다. 친구의 기준이라면 '저녁식사에 초대를 했는가' 정도가 될 것이다.

사적 관계인 친구들은 남자와 남자는 악수로, 남자와 여자 그리고 여자와 여자는 볼뽀뽀로 인사를 한다. 친구의 친구를 새롭게 만나는 경우도 마찬가지다. 악수나 볼뽀뽀를 하면서 자신의 이름을 말하는 것이 예의다. 남자와 남자가 볼뽀뽀를 하는 경우도 있다. 매우 친한 사이거나 가족일 때인데, 난 아직도 '매우 친한 사이'를 어떻게 규정해야 할지 헷갈린다.

언젠가 아내에게 말한 적이 있는데 하나마나한 답이 돌아왔다.

"(남자 친구들 중에) 누구와는 비주를 하고 누구와는 비주를 안

해야 할지 잘 모르겠어."

"네 마음이 가는 대로 하면 돼."

뿐만 아니다. 아이들이 같은 학교에 다니는 학부모이면서 우리 부부와도 친구 사이인 엄마들을 길거리나 학교 앞에서 하루에도 여러 번 부딪히는데, 나로선 꽤 난감하다. 이에 대한 대책이 있는지 질문을 했지만, 아내는 조언 아닌 조언을 해줬다.

"그들을 볼 때마다 볼뽀뽀를 해야 하는 건가?"

"네 맘대로!"

지난해 3월부터는 거리두기와 마스크 덕에 이런 고민을 하지 않게 됐다.

프랑스 인사예절에서 또 하나 빠질 수 없는 건 상대방의 이름을 부르는 일이다. 볼뽀뽀나 악수를 하기 전에 "봉주르"를 외치면서 "봉주르, 누구누구"를 해줘야 예의를 갖추는 인사가 되는 것이다. 프랑스 이름을 외우는 게 영 쉽지 않아서 난 여전히, 이게 어렵다.

게다가 같은 이름을 가진 사람이 여럿이기도 하고 이름들이 비슷하기도 하다. 실제로 친구 중에 소피도 여럿이고, 줄리도 여럿이다. 어느 날 길거리에서 우연히 만난 소피에게 "봉주르, 줄리"라고 실수한 경우가 있었다. 그러면 소피는 잊지 않고, "소피"라고 정정해준다.

익명의, 처음 보는 사람에게 인사할 때는 "봉주르"라고 짧게 할 수 있다. 그러나 이름을 아는 경우라면 뒤에 이름을 붙여서 부르는 게 좋고, 이름을 모르지만 예의를 갖추려면 봉주르 뒤에 마담이나 무슈를 붙여야 한다. 헤어질 때도 마찬가지다. 동네 빵집을 나서며 계산대 여성 직원에게 그냥 "오르부아" 하는 것보다 "오르부아 마담"이라고 하는 것이 예의다. 이렇게 예의를 갖추면 직원은 나에게 "오르부아 무슈"라고 할 것이다.

일주일에 한 번 우리 집에서 점심식사를 하는 아이들이 있다. 를롱네 셋째와 넷째인 그레구아르와 오귀스탱인데 금요일은 이 아이들이 우리 집 둘째, 셋째와 함께 점심을 먹는다. 그리고 월요일에는 반대로 우리집 둘째와 셋째가 를롱네에 가서 점심을 해결한다. 급식비를 조금이라도 줄여보기 위해 를롱네와 품앗이를 하는 것이다. 이렇게 하면 일주일에 하루만 점심을 차려주고 이틀 치 급식비를 내지 않는 효과를 얻을 수 있다.

그런데 를롱네 아이들이 우리 집에 올 때면 종종 정신이 번뜩든다. 올해 만 아홉 살로 초등학교 4학년인 그레구아르는 나를 보며 "봉주르, 필!"이라고 인사를 한다. 그레구아르 입장에서는 또랑한 목소리로 인사말을 했고 내 이름까지 덧붙였으니 예의를 갖춘 셈이다. 하지만 꼬마가 내 이름을 그렇게 부른다는 게 내 입장에서는 아직도 익숙하지 않은 거다.

인사는 그렇다 치더라도 점심을 먹고 집에서 잠깐 노는 동안 그레구아르는 뭔가 필요한 게 있으면 꼬박꼬박 "필! 필!" 하면서 나를 부른다. 그리고 우리말로는 '너'로 번역되는 tu를 사용해 문장을 이어간다.

그럴 때마다 깜짝 놀라면서도, '맞아, 여긴 프랑스고 쟤는 프랑스인이지'라는 생각을 하며 놀란 가슴을 쓸어내린다. 딱히 이름을 대신할 단어가 있는 것도 아니다. 아이들 이름을 붙여 누구누구 아빠라고 부를 수도 없고, 삼촌도 아니며, 아저씨 같은 단어는 없다. '무슈'라는 호칭을 쓰기에는 우리 관계가 꽤 친하다. 생각해보면 앞으로 내가 숱하게 겪을 장면이어서 하루빨리 익숙해지는 게 유리하다. 네 아이 친구들이 우리 집을 드나들며 얼마나 내 이름을 불러댈 것인가.

프랑스 사회에 사는 한국인으로서 호칭 문제는 쉽지 않은 숙제였다. 처음으로 부딪힌 장벽이 장인과 장모를 부르는 것이었다. 일반적으로 프랑스인들은 장인과 장모의 이름을 부른다. 그런데 나는 그게 되질 않았다. 장인과 장모의 이름이 입에서 쉽게 떨어지지 않았다. 혹시 불러야 할 일이 있으면 '저기요' 같은 한국적 방식의 표현으로 에둘러 넘어갔다.

그런 뻘쭘한 상태에서 나를 구해준 것은 첫째였다. 첫째가 태어나 할아버지와 할머니가 된 장인과 장모가 손주들이 부를 애칭을 각각 새로 정했는데, 나도 그걸 사용하기로 한 것이다. 그런데 나이가 많건 적건 상대 이름을 부르는 일에 익숙해지니 이젠 결혼 초기로 되돌아간다면 장인과 장모 이름을 부를 수 있을 것 같다.

장인과 장모뿐 아니라 사회에서 만나는 수많은 관계에서 호칭을 고민할 필요가 없다는 건 분명 프랑스 사회의 장점이다. 별다른 호칭이 없기 때문에 서열을 정하지 않아도 된다는 특징도 있다. 그렇다 보니 훨씬 대등한—실제로 대등한 관계인지는 차치하더라도, 어쩐지 그러한—느낌을 받는다.

생각하면 호칭이 복잡한 것은 오히려 한국 사회다. 우리 가족이 서울에 살 때 예닐곱 살이었던 첫째는 누나의 딸인 두 살 터울 사촌언니를 많이 따랐다. 그런데 조카가 첫째에게 무언가 불만이 있는 것 같았다. 자세히 살펴보니 첫째가 자신을 '언니'라고 부르지 않고 자꾸 이름을 부르는 게 싫었던 거다. 조카 입장에서는 당연한 반응이었다. 첫째는 '언니'라는 단어를 모를 뿐 아니라 평소에 사용할 기회도 없었다. 내가 첫째에게 그 단어를 가르친 뒤에야 둘은 평온한 사촌자매지간이 됐다.

동네 놀이터에서 처음 만난 아이들이 가장 먼저 "너 몇 살이야?"라고 인사하는 걸 떠올리면 한국 사회에서 서열이 얼마나 중요한지를 쉽게 알 수 있다. 가끔은 나이 같은 걸 왜 묻는지조차 모르는 둘째와 셋째의 백지 같은 태도가 부러울 때가 있다. 그 누구와도 볼뽀뽀를 할 수 있고, 이름을 부르며 친구가 될 수 있을 것이기 때문이다. 대등한, 적어도 그런 느낌을 받는 관계에서 말이다.

행복을 느낄 수 있다면 그걸로 족하다
과외활동과 삶의 상관관계에 대한 고찰

어린 시절 할아버지와 같은 집에 살았는데, 어쩌다 일찍 학교에서 돌아오는 날이면 할아버지가 이렇게 물었다.

"오늘이 반굉일이냐?"

반굉일은 '반공일'의 전라도식 발음이다. 일요일처럼 온전한 휴일이 아니라 절반만 공휴일, 즉 토요일을 뜻하는 말이다. 한국에 주5일제가 자리 잡기 전 이야기다.

우리 가족의 반공일은 수요일이다. 수요일이 우리 가족에게만 반공일인 이유는 학교에 따라 온공일이기도, 반공일이기도 하기 때문이다. 블루아에서 수요일에 수업이 있는 학교는 우리 아이들이 다니는 곳밖에 없다. 다른 모든 초등학교들은 주 4일 수업을 실시하는 중이다. 법정 수업시간은 주당 24시간으로 어느 학교나 동일하지만, 수요일에 오전 수업을 할지 안 할지는 온전히 학교장 재량에 따른다.

수요일에 학교를 가지 않으려면 월, 화, 목, 금요일에 1시간씩 늦게 하교를 하게 된다. 두 경우 모두 장단점이 있는데, 먼저 수요일에 수업이 있으면 일주일에 다섯 번 아침 전쟁을 치러야 한다는 단점이 있다. 반면에 수요일을 통째로 쉬었을 때 아이들에게 나타날 수 있는 목요일 아침 '월요병'에 대한 우려는 없다. 이러거나 저러거나 프랑스 학부모에게 수요일은 쉽지 않은 날이다. 반공일이어서 과외활동이 주로 이뤄지기 때문이다. 토요일도 가능하지만, 주말여행이라도 떠나는 날이면 수업을 빠져야 하는 부담이 있으므로 수요일을 선호한다.

프랑스의 과외활동은 한국에 비하면 종류가 훨씬 다양하지만 템포가 굉장히 느리다. 태권도를 예로 들면, 한국에서는 태권도 사범 개인이 도장을 열고 원생을 모집해 날마다 한 시간씩 수업이 이뤄지는 패턴이다. 프랑스의 경우는 태권도협회가 있어서 사범을 초빙하고 공공기관을 통해 장소를 대여한 뒤 원생을 모집해 일주일에 한 시간 수업을 한다. 한국에서는 월회비를 내는 반면, 프랑스에서는 연회비를 낸다. 월회비가 이사 등 특수한 사정이 없는 한

환불되지 않는 것처럼 연회비 역시 환불은 특별한 경우에만 허용된다.

매일 여러 가지 과외활동을 할 수 있는 건 한국 초등학생의 하교 시간이 프랑스보다 훨씬 빠르기 때문이다. 프랑스의 경우 일주일에 한 시간 배워서 언제 빨간띠, 검정띠 되냐는 볼멘소리가 나올 법하다. 하지만 프랑스인들에게 과외활동의 기준은 검정띠가 아니라 아이가 얼마나 행복해 하느냐이다. 적어도 우리 가족은 그렇다.

우리가 한국에 살던 시절에 첫째를 피아노 학원에 1년 정도 보냈다. 여느 동네 피아노 학원처럼 매일 차로 데려가서 피아노를 가르쳐주고 집으로 데려다주기까지 하니 여러모로 좋다고 판단했다. 프랑스에서는 상상하기 어려운 일이어서 더더욱 그렇게 믿었다. 그런데 곰곰이 생각할수록 만 예닐곱 살짜리 아이가 학교 수업이 끝나는 오후 5시경부터 한 시간씩, 일주일에 5일 동안 피아노를 배우는 건 일종의 '강행군'이었다. 첫째는 피아노를 배우는 게 즐거울까? 피아노를 연주하는 것은? 클래식 음악을 즐길 수 있을까? 여러 의문이 꼬리에 꼬리를 물었다.

어느 날 아이를 데리러 직접 학원에 간 적이 있었다. 이론과 실기 수업을 모두 마친 아이는 한 언니 옆에 붙어 앉아서 언니의 스마트폰에서 나오는 동영상을 뚫어져라 쳐다보고 있었다. 다른 쪽에서는 남자아이들이 역시 스마트폰을 보며 꽤 시끄러웠다. 게임을 하는 것 같았다. 산만한 분위기 속에서 초등학교 고학년들의 욕설도 간간이 들려왔다. 솔직히 충격을 받았다. 이 어지러운 환경을 1년 동안 견딘 딸아이에게 약간 미안한 마음이 들었다. 그리고 헷갈렸다. 딸이 피아노를 치는 것은 부모의 욕심일까 딸의 욕구일까?

그 달을 마지막으로 한국에서는 더 이상 피아노 학원에 보내지 않았다. 첫째 역시 그리 상심하지 않는 것 같았다. 만약 계속 가겠다고 우겼다면 고민하는 척이라도 했을 테지만, 첫째는 쿨하게 피아노 학원을 포기했다. 그리고 방과 후에 집에서 놀 수 있는 한 시간을 얻었다.

한동안 피아노를 배우지 못하고 있던 첫째는 블루아에 온 후 음악학교conservatoire 등록에 성공하면서 다시 피아노 앞에 앉게 됐다. 피아노는 원하는 사람이 많아 대기자 명단이 꽤 길었는데 운이 좋아 오디션을 통과했다. 일주일에 30분 레슨을 받고, 1시간 30분 이론 수업을 한다. 한국에 비해 진도는 느리지만 질릴 일은 없을 것 같다.

한국에서 과외활동이 주 5일 패턴인 것은 금전적인 이유도 있다. 아이들에게 테니스를 가르치고 싶어 동네의 한 테니스 교실에 연락을 한 적이 있다. 일주일에 다섯 번 하루 한 시간씩 수업이 있고 비용은 20만원이라고 했다. 월 20만원은 우리에게 꽤 큰돈이었고, 일주일 다섯 번은 너무 많은 것 같아 일주일에 두 번, 월 10만 원에 해줄 수 있느냐고 물었다. 테니스 강사 입장에서도 밑지는 장사는 아닌 것 같아 그렇게 제안했다.

그런데 "그렇게는 안 하죠, 아버님."이라는 대답이 돌아왔다. 마치 '뭐 이런 외계인 같은 사람이 있어'라고 말하는 투였다. 끊고 나서 통화내용을 더듬어보니 수지타산이 맞지 않아서 안 된다는 거였다. 그러니까 더 많은 아이들이 테니스를 접하고 즐기게 하는 것보다는 테니스 강사 본인의 벌이가 중요했던 것이다. 어쨌든 나는 그렇게 이해했다.

둘째는 블루아에 온 첫해부터, 셋째는 이듬해부터 테니스를 배우고 있다. 올해로 각각 4년째, 3년째다. 그런데 실력은 3~4년 배운 것 같지가 않다. 둘째는 이제 겨우 공을 라켓에 제대로 맞추는 수준이고, 셋째는 제대로 라켓을 쥐는 법도 잘 모른다. 일주일에 한 번 수업을 받고, 내가 한 시간쯤 같이 쳐주는데도 이 정도다. 가끔은 아무리 일주일에 한 시간이지만 너무 대충 가르치는 것 아닌가 하는 언짢은 마음이 들 때도 있다. 하지만 그 역시 내 욕심이라는 생각에 강사에게 따져 묻지는 않았다.

셋째 같은 어린 아이들의 수업을 유심히 살펴보면 테니스를 가르친다기보다는 라켓과 공을 가지고 하는 놀이 수업에 가까워 보이는 게 사실이다. 한국 테니스 코트에서 초보자들을 가르칠 때 볼 수 있는, '이렇게 그립을 잡고 하나, 두울, 셋' 같은 장면은 찾아보기 어렵다. 아이들이 한국에서 하는 패턴으로 일주일에 5일, 3~4년 동안 배웠다면 지금쯤 코트 위를 날아다닐까? 그럴 수도 아닐 수도 있지만 적어도 아이들은 테니스장에 가는 걸 무척 좋아한다.

그런데 왜 테니스인가? 블루아에서 테니스 대신 시도해볼 수 있는 운동 종목은 꽤 많다. 축구, 럭비, 수영, 양궁, 탁구, 배드민턴, 태권도, 합기도, 가라테, 검도, 유도, 승마, 체조, 무용, 골프, 사이클, 농구 등. 내가 좋아하는 야구가 없는 건 아쉽지만 웬만한 스포츠는 다 있다.

아내와 내가 모두 동의할 수 있는 종목이 테니스였다. 내가 축구를 말하면 아내는 '축구보다는 럭비가 나은 것 같은데' 하는 식이었다. 무엇보다 부모에게 아이가 배우게 될 종목에 대한 애정이 조금이라도 있어야 지속적으로 안내할 수 있는 것 같다. 위에 나열한 종목 중 아내와 내가 함께 즐길 수 있는 건 탁구와 배드민턴, 테니스 정도 된다. 이 셋 중에 테니스 교실이 가장 활성화돼 있고, 시간을 고를 수 있는 옵션도 다양했다.

아이들이 수요일에 어떤 활동을 하는지를 보면 대충이나마 그 집 분위기나 부모 성향 등을 파악할 수 있다. 우리가 정한 기준은 스포츠 하나, 악기 하나쯤은 배우는 게 좋겠다는 것이었다. 익혀두면 삶을 좀 더 윤택하게 하는 요소가 있지 않을까 하는 생각에서다. 스포츠와 악기 배우는 과정을 옆에서 지켜보며 느낀 점 중 하나는, 일정 수준에 도달하기 위해서는 꾸준한 연습 외에 다른 방법이 없다는 사실을 아이들이 깨닫게 된다는 거다. 다시 말해 꼼수가 통하지 않는다는 걸 몸으로 알게 되는 건데, 이건 '세상에 공짜는 없어' 같은 평범한 진리를 직접 체험하는 일과도 같다. "악기 하나를 배우는 것은 삶을 배우는 것"이라는 격언이 괜히 나온 말이 아니다.

악기와 스포츠 외에 우리 부부가 아이들에게 투자하는 과외 활동은 스카우트다. 스포츠나 악기처럼 정기적으로 일주일에 한 시간씩 모이는 것은 아니고, 한 달에 한두 번 정도 주말에 비정기적으로 모임을 갖는다. 두세 달에 한 번은 1박2일 캠핑을 떠나고, 1년에 한 번 여름방학에는 일주일짜리 캠핑을 한다.

아이들이 속한 단체는 프랑스 통합 스카우트Scouts Unitaires de France인데, 자연과 타인에 대한 존중은 기본이고 가톨릭적 가치를 내세운다는 점이 우리 마음을 움직였다. 이 단체의 공식적인 목표는 아이들이 '건전하고, 행복하고, 쓸모 있는 시민'이 되도록 돕는 것이다. 스카우트 정신은 뜻밖의 상황에서 빛을 발하기도 한다.

아이들이 뜻대로 따라주지 않거나 억지를 부릴 때 우리는 "너 그러고도 스카우트 맞아?"라며 위협을 날린다. 물론 너무 자주 사용하면 역효과가 있을 수 있지만 가끔은 매우 효과적이다. 첫째와 둘째가 번듯한 유니폼에 등산화를 신고 스카우트 모임에 가는 걸 부러운 눈으로 쳐다보는 셋째는 여덟 살이 되기만을 손꼽아 기다린다.

아이들에게 프랑스어와 수학, 라틴어, 역사가 주식이라면 테니스와 피아노, 스카우트는 간식 같은 것이다. 우리가 간식에게 바라는 것은 무엇일까. 간식을 대하는 아내와 나의 철칙이라면 절대 강요는 하지 말자는 것이었다. 주식은 억지로라도 좀 먹이지만, 간식은 싫다는 애를 윽박지르면서까지 주지 않는다.

둘째에게 악기 하나 배우는 걸 제안한 것이 4년 전인데, 올해 처음으로 트럼펫 레슨을 받기로 했다. 음악학교 오픈하우스에 찾아가 이 악기, 저 악기를 만져보고 직접 연주도 해보았지만 둘째는 매번 "등록할까?" 하는 물음에 고개를 가로젓곤 했다. 무슨 심경의 변화가 생겼는지 알 길은 없지만, 올해는 흔쾌히 뭔가를 하겠다고 했고 악기는 트럼펫으로 정했다.

올해 수요일은 지난해보다 조금 더 바빠졌고, 우리 모두는 자주 끊기는 피아노 소품 연주와 아직 음악이 아닌 트럼펫의 빽빽거리는 소리를 견뎌야 한다. 그러면 어떤가. 처음엔 조금 어렵더라도 한 계단씩 오르며 아이들이 성취감과 행복을 느낄 수 있다면 그걸로 족하다. 삶은 이렇게 더디지만 행복한 것이라는 사실을 함께 알아차릴 수 있다면 말이다.

　　사족을 붙이자면, 이곳은 한국과 사정이 달라서 우리 아이들이 과외활동을 하며 쓰는 비용은 아이 1인당 연간 50만원 안팎이다. 다만 매번 데려다주고 데려오는 수고는 온전히 부모의 몫이다.

6월은 초등학교 다니는 둘째와 셋째의 가정통신문 노트에 야외 수업이나 견학 일정 등이 많아지는 계절이다. 반팔 티셔츠가 어색하지 않을 정도로 날씨가 풀렸고, 무엇보다 1년 동안 진행된 학습 진도가 거의 마무리되는 분위기다. 정규 수업 외 활동이 많아지는 건 여름방학이 다가오고 있음을 알리는 신호이기도 하다. 2020-2021년 학기도 이제 끝이 보인다.

2021-2022년 재가입 신청서들이 메일로 오는 걸 보면, 학교 밖에서 이뤄지는 과외 활동에서도 신호가 감지된다. 음악학교에서는 학년말 발표회 준비에 여념이 없고, 스카우트는 장기 캠프를 떠나는 여름방학 전에 전체 모임을 갖는다. '랑트레'가 있는 9월이 만물이 소생하는 듯한 분위기라면, 학기가 마무리되는 6월은 축제를 앞두고 들뜬 분위기에 비교할 수 있다. 프랑스인들에게 여름휴가보다 근사한 축제는 없다.

첫째는 지난 봄 코로나 격리로 인해 미뤄뒀던 생일 파티를 최근에 기어이 하고야 말았다. 생일이 4월인데 6월에 파티를 했으니 '기어이'라는 단어가 어색하지 않다. 친구들 8명을 초대했는데 첫째가 또래보다 1년 어린 탓이겠지만 '거의' 다 큰 처녀 8명이 내 눈앞에서 왔다 갔다 하는 것을 보면서 만감이 교차했다. 첫째가 더 이상 어린이가 아니라는 사실을 인정할 때가 온 것이다. 물론 첫째는 이미 오래전부터 어린이가 아니었다고 우길 테지만.

둘째는 학기 초 겨우 빽빽거리는 소리를 내던 트럼펫으로 이제 음악 비슷한 흉내를 내게 됐다. 누군가의 생일날 축하노래를 부르라치면 둘째는 잽싸게 트럼펫을 꺼내와 축하 음악을 연주해준다. 서툴러 템포가 너무 느린 게 흠이지만 생일이 거듭될수록 실력도 늘어 이젠 제법 들어줄 만하다. 음악학교 발표회 때 다른 금관악기들과 합주도 하기로 했다. 새 학기에 둘째는 중학생이 된다.

셋째는 둘째가 집에서 트럼펫을 연습할 때면 언제나 부러운 눈으로 쳐다보곤 했다. 새 학기에는 셋째도 악기를 배울 수 있게 됐다. 음악학교에서는 세 가지 악기를 체험해 보게 하는데, 셋째는 색소폰과 기타, 첼로를 두고 고민에 빠졌다. 기타와 첼로는 소리 내는 것 자체가 쉽지 않았지만 색소폰은 꽤 안정적인 소리를 내서 선생님으로부터 격한 칭찬을 받았다. 칭찬에 고무된 셋째는 아마도, 내년부터 색소폰을 배우게 될 것 같다.

넷째는 혼자 콧물을 푸는 단계를 넘어, 이제 기저귀와의 작별을 준비 중이다. 자꾸 "삐삐(소변)"를 외치며 유아용 변기에 앉아 노는 걸 몇 주 동안 하더니 결국 성공했다. 그런데 아내나 나나 대소변 가리기에 적극적이지 않아서인지 그 이후로 진도는 영 더디다. 우리는 넷째가 또는 넷째의 몸이 기저귀를 더 강렬하게 거부하는 순간을 기다리고 있다. 삐삐를 외치는 것처럼 "까까(대변)"를 반복

할 때가 올 것이다.

　전업주부로 전환된 나의 육아 2.0은 그런대로 순탄하게 진행됐다. 내년 학기에도 이 시스템을 계속 가져갈 것인지 바꿀 것인지에 대해서는 아직 구체적으로 아내와 이야기를 나누지 못했다. 아내는 넷째가 어린이집 마지막 해인 내년까지는 올해처럼 했으면 하는 눈치다. 나로선 전업주부 육아 2.1 시즌이 되는 거다. 허리띠를 졸라매야 하는 일상에 적응할 수만 있다면 내가 전업주부로 지내는 것도 그리 나쁘지 않다는 걸 깨달았다. 특히 아이들에게는.

　부모 중 한 명은 언제든지 아이에게 달려갈 준비가 돼 있다는 사실만으로도 아이들은 큰 위안을 얻을 것이다. '가족은 경험을 나누는 기억의 공동체'라고 했던가. 그런 의미에서 아이들과 많은 시간을 보내며 기억들을 차곡차곡 쌓고 있는 나는 행복한 아빠다.

메르씨 빠빠!

아이와 함께 크는 한국아빠의 프랑스식 육아

초판 1쇄 인쇄 2021년 08월 17일
초판 1쇄 발행 2021년 08월 30일

지은이 정상필

펴낸이 옥두석
펴낸곳 오엘북스

편집장 이선미 | **책임편집** 임혜지
디자인 이호진

출판등록 2020년 1월 7일(제2020-000115호)
주소 경기도 고양시 일산동구 중앙로 1055 레이크하임 206호
전화 031. 906-2647 | **팩스** 031. 912-6643
홈페이지 https://blog.naver.com/olbooks
이메일 olbooks@daum.net

ISBN 979-11-975394-0-4   03590